国家精品在线开放课程

“十四五”职业教育江苏省规划教材

XIANDAI DIANZI ZUZHUANG GONGYI

现代电子
组装工艺

王应海 屈有安 朱利军◎**编著**

上海交通大学出版社
SHANGHAI JIAO TONG UNIVERSITY PRESS

内容提要

本书共分8个单元，内容包括现代电子组装技术概述、通孔安装元器件和表面安装元器件、焊接原理与手工焊接、插件生产线组装技术、表面组装技术、表面安装组件手工焊接与返修、电子组装中的静电防护与5S活动、无铅焊接技术等。

本书适合作为各类职业院校电子类相关专业的工艺教学、实训教材，也可以作为电子企业员工的培训教材和参考用书。

图书在版编目（CIP）数据

现代电子组装工艺 / 王应海，屈有安，朱利军编著
. —上海：上海交通大学出版社，2019（2022重印）
ISBN 978-7-313-22262-6

Ⅰ.①现… Ⅱ.①王… ②屈… ③朱… Ⅲ.①电子元件—组装 Ⅳ.①TN605

中国版本图书馆CIP数据核字（2019）第244499号

现代电子组装工艺
XIANDAI DIANZI ZUZHUANG GONGYI

编　著：王应海　屈有安　朱利军
出版发行：上海交通大学出版社　　地　址：上海市番禺路951号
邮政编码：200030　　电　话：021-64071208
印　刷：苏州市古得堡数码印刷有限公司　　经　销：全国新华书店
开　本：787mm×1092mm　1/16　　印　张：11.5
字　数：244千字
版　次：2019年12月第1版　　印　次：2022年9月第5次印刷
书　号：ISBN 978-7-313-22262-6
定　价：46.00元

前言

生产工艺技术是从事生产一线工作技术人员的重要职业能力。“电子组装工艺”作为一门以电子制造业的生产工艺和技术为主要内容的课程，在培养学员掌握现代电子制造业领域所需的工艺知识和技能方面承担着重要任务。

20世纪80年代，第四代电子组装技术——表面组装技术（surface mounted technology，SMT）在我国开始应用，到目前为止，SMT已经逐步取代了传统的第三代电子组装技术（通孔安装技术）而成为电子制造企业主流的生产技术。

为将现代高新技术电子企业的先进生产技术纳入高职课堂教学，早在1999年，编者就开始了重构新电子专业工艺课的尝试。基于与苏州工业园区数十家跨国公司良好的合作基础，作者和课程开发组成员，深入这些电子企业的生产一线，调查电子企业高技术岗位（群）分布和岗位能力要素构成，为最初的《电子组装工艺》校本教材的开发奠定了良好的基础。

自2001年开始，“电子组装工艺”成为苏州工业园区职业技术学院的重点建设课程。经过多年的教学积累，经过三星电子（苏州）半导体有限公司、博世汽车部件（苏州）有限公司等十多家外资企业员工培训工作的历练和不断修改完善，《电子组装工艺》教材的内容体系基本建立。2008年，“电子组装工艺”课程被评选为国家精品课程，并于2012年入选教育部第二批国家级精品资源共享课。2018年“电子组装工艺”被教育部评选为国家精品在线开放课程（https：//www.icourse163.org/course/IVT-1001755024），为本书的正式出版起了极大的促进作用。经反复斟酌，最后定名为《现代电子组装工艺》。

1.功能定位

本书不仅是介绍电子行业的新器件、新工艺、新设备和新标准，而且希望提供一套电子工艺教学与实训一体化教学的整体方案。课程的定位为电子类专业基本技能训练课。课程的作用如下：

（1）使学生具备高技术电子企业一线岗位所需要的工艺知识和基本技能，增强学生从业时的岗位竞争力和发展潜力。

（2）为后续的电子专业综合实践课程奠定基础。我们认为扎实的基本工艺技能是综合专业实践的基础。基本工艺技能训练可在第一学期进行，而综合专业实践宜在高年级进行。

（3）为学生的科技制作和毕业设计（项目）奠定基础。本教材在内容选取方面，突出了先进性和实用性。对传统的电子工艺课程内容进行了较大的更新和重建。将表面安装元器件、SMT工艺及设备、IPC工艺标准、静电防护与企业5S活动等一系列与第四代电子组装技术相关的新内容纳入教材。在新技术与传统内容的比重分配上，将传统的通孔安装技术作为入门基础，更多介绍表面安装技术及相关工艺和工艺标准。

2. 内容与学时分配

教材是按照“理论与实践一体化”教学方式组织内容的。全书分为8个单元。每个单元安排了理论和实践两部分的内容，所有的工艺理论都设计了对应的训练项目，力图使学员在“学中做”“做中学”，力图使学员通过实践掌握工艺技能。

内容与学时分配表（建议）

单元序号	内容及学时			
	理论部分	学时	实训部分	学时
1	现代电子组装技术概述	4	电脑主板生产线参观	2
2	通孔安装元器件与表面安装元器件	4	电子元器件的识别与简易测试	2
3	焊接原理与手工焊接	4	手工焊接练习	4
4	插件生产线组装技术	6	通孔PCB组件的手工组装	6
5	表面组装技术	4	SMT设备操作	2
6	表面安装组件手工焊接与返修	4	SMT组件的手工组装及返修练习	4
7	电子组装中的静电防护与5S活动	3.5	静电防护系统的认识及使用	0.5
8	无铅焊接技术	2	SMT组件的手工无铅焊接练习	2
小计		31.5		22.5
总课时	54			

表中教学内容与学时分配是按编者所在学院的教学计划而推荐的。使用者可按实际的教学需要和实训条件自行变更。

本书由苏州工业园区职业技术学院王应海、屈有安、朱利军编著。王应海编写了第8单元；屈有安编写了第1、2单元；朱利军编写了第3至第7单元。

本书的出版得到了李红益、袁丽娟、李淑萍、金曦、周祥等老师的支持和帮助。李红益参与了第4单元、第6单元部分实训项目的整理和校对；袁丽娟参与了第5单元的整理和文字录入；周祥参与了第1、2单元的整理和校对；李淑萍绘制了部分附图；金曦参与了部分文档的整理和文字录入。借本书出版之际，向他们表示真诚的感谢。

本书编写过程中还得到江苏省电子学会SMT专业委员会宣大荣秘书长、OK国际集团奥科电子（北京）有限公司、西门子德马泰克生产与物流自动化系统（中国）有限公司等众多企业和个人的大力支持和帮助。他们提供的专业图片和资料为本书增色不少，在此表示衷心的感谢！

电子制造业是一个飞速发展的领域，将该领域的新技术、新工艺及时纳入“现代电子组装工艺”的课程教学将是我们不断努力的方向。由于作者水平和能力的局限，书中存在的不妥之处，真诚地希望广大读者批评指正。

编 者

2019年5月20日

目 录

单元1　现代电子组装技术概述

本单元在介绍了与电子组装技术相关的常用术语的基础上，重点介绍了电子整机生产的一般流程；以电脑主板的组装生产线为例，介绍了现代电子组装技术的典型工艺流程，并安排了参观电脑主板生产线的实训项目。

1.理论部分

◇掌握PCB、PCBA、THT、SMT等常用术语的内涵；

◇掌握电子整机的一般生产流程；

◇掌握表面组装生产线和通孔组装生产线的工艺流程。

2.实训部分

◇通过参观实际的生产线，对小型化电子产品的生产工艺流程建立初步的认识。

1.1　常用术语介绍

1.1.1　印制电路板（PCB）

印制电路板（print circuit board，PCB）是电子工业的重要部件之一。PCB一般为含有绝缘基材的覆铜板，按预定设计，制作了供元器件电气连接的导电图形，即印制线路（print circuit）。几乎每种电子设备，小到电子手表、计算器，大到计算机、通信电子设备、军用武器系统，只要有集成电路等电子元器件，为了它们之间的电气互连都要使用印制电路板。

印制电路板在电子设备中提供如下功能：

（1）为集成电路等各种电子元器件固定和装配提供机械支撑，实现集成电路等各种电子元器件之间的布线和电气连接或电绝缘。

（2）实现电路的连接，保证电路所要求的电气特性，如特性阻抗等。

（3）为自动焊锡提供阻焊图形，为元件插装、检查、维修提供识别字符和图形。

PCB的结构如图 1–1 所示。在PCB上，用于安装元器件的孔称为焊盘孔。

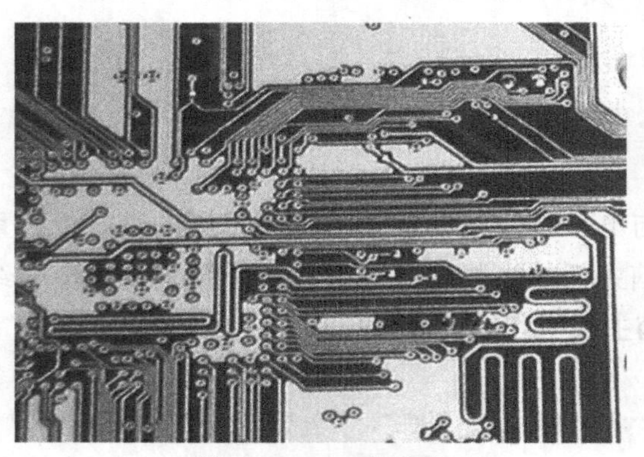

图 1–1　PCB 的结构

1.1.2　印制电路板组件（PCBA）

装有电子元器件的印制电路板称为印制电路板组件（print circuit board assembly，PCBA）。电子产品的功能是由其内部的电子电路实现的，电子电路是承载在PCB组件上的，因此，PCBA是构成电子整机（或电子产品）的核心部件。

MP3 是一种简单的电子整机，它的体积较小，功能相对单一，其内部有两块PCB组件（见图 1–2）。

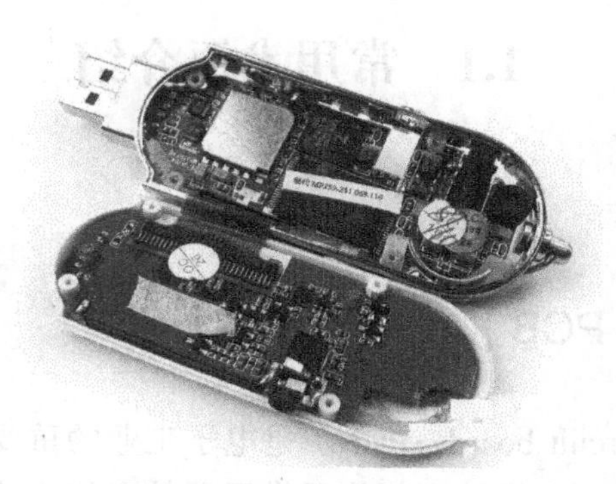

图 1–2　MP3 的内部结构

目前电子制造业常用的电路组装技术有两种，即通孔安装技术和表面安装技术。由带引脚的通孔元件和器件组装而成的PCBA称为通孔PCBA组件（见图 1–3）。由微型化的表面安装元器件组装而成的PCBA称为表面安装组件，简称SMA（surface mounted assembly）（见图 1–4）。

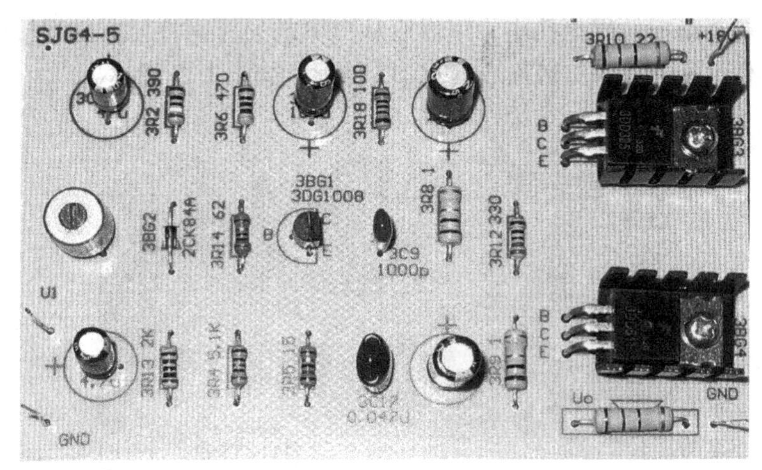

图 1–3　通孔 PCBA 组件

图 1–4　表面安装组件

20 世纪 80 年代电子产品进入便携式和小型化的时代。电子元器件正在向大规模集成电路和超大规模集成电路方向演进，由此带来电路组装技术的密间距和高密度化。

表面安装技术适应了便携式产品的趋势。采用表面安装技术最理想的情况是电子产品的所有电子元器件全部都实现了片式化。由于一些电子元件（如开关和连接器）的片式化尚未实现，因此目前的电路组装技术还处在表面安装技术和通孔安装技术混合使用的阶段。但可以预计随着元器件技术的进步，表面安装技术会全面取代通孔安装技术。

虽然，电子产品的种类繁多，功能、应用的范围也各不相同，产品结构及其生产工艺也各不相同，但其内部PCBA的生产过程是类似的。PCBA的组装技术即电路组装技术，是电子整机生产的关键技术，掌握PCBA的组装技术及工艺正是本教材的任务之一。

1.1.3　通孔安装技术（THT）与表面安装技术（SMT）

通孔安装技术（through hole technology，THT）是传统的电路组装技术，它是将元器件插装在印制电路板的焊盘孔中，用焊锡从PCB的另一面将元器件焊接固定在焊盘上的一种装联技术。采用THT组装而成的PCBA外形，如图1−5所示。

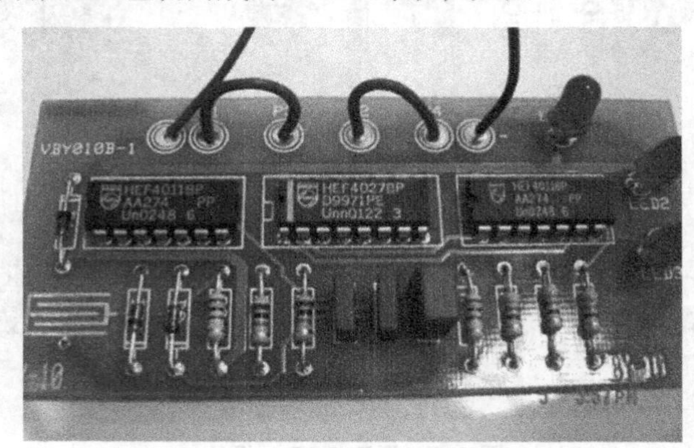

图1−5　通孔PCBA的外形

通孔安装技术开始于20世纪50年代，当时代表性的产品电子管收音机采用手工插装元器件、手工焊接的方式，属于第一代的电路组装技术。第二代的组装技术出现在1960年代以后，在生产晶体管收音机、黑白电视机等产品时，采用了半自动插装插件生产线、浸锡槽焊接的组装方式。在1970年代以后，波峰焊机、插件机的出现实现了元器件自动插装、波峰焊机自动焊接，使黑白电视机、收录机等电子产品进入了家庭。自动插装、波峰焊属于第三代电路组装技术。1980年代中后期，电子产品的便携式、小型化引发了原有的插件组装向表面组装转化，表面安装技术在企业的生产线上逐步得到广泛应用。20世纪90年代后期，新一代电路组装技术——表面安装技术在很多方面取代了传统的通孔安装技术而成为现代电子企业主流生产技术。尽管如此，通孔安装技术仍然在一些民用电子产品生产中应用。

表面安装技术（surface mounted technology，SMT）是将电子元器件贴装在印制电路板或基板的表面，是表面焊接的一种新一代先进组装技术。它实现了电子产品组装的高密度、高可靠、小型化、低成本和生产自动化。目前，先进的电子产品，特别是在计算机及通信类电子产品组装中，已普遍采用SMT（见图1−6）。

图1−6　SMT的外形

1.1.4　电子元器件

电子元器件是电子电路中具有独立电气功能的最小单元，如果把电子设备比作一个整体，电子元器件就是组成这个电子设备整体的零件。电子元器件包括电阻器、电容器、电感器、晶体管、集成电路、继电器、开关等。习惯上，将电阻、电容、电感、开关等这类不含有PN结（PN junction，空间电荷区）的电路单元称为被动元件（passive component），简称元件（component）。将二极管、三极管、集成电路器件等含有PN结的电路单元称为主动元件（active component），简称器件（device）。

从组装工艺的角度分析，通孔插装和表面组装的主要区别是所用的元器件、PCB不同：前者是插装，即将长引脚元器件插入PCB的焊盘孔中，而后者是贴装，即将无引线或短引线的元器件贴在PCB表面。从外形上看，表面安装元器件体积更小，重量更轻（见图 1-7）。实际上表面安装元器件比通孔安装元器件在许多方面都有更高的技术要求。

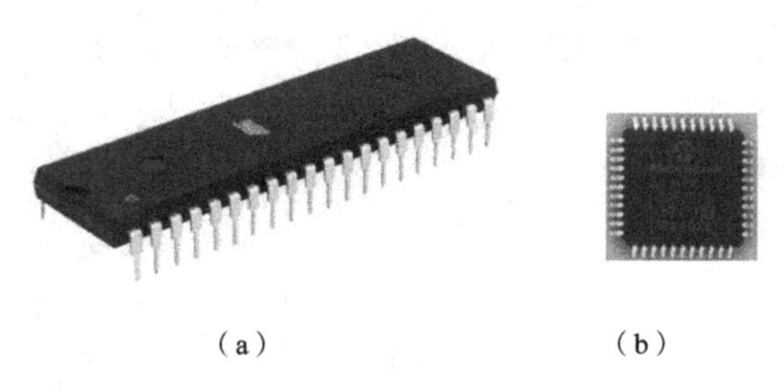

（a）　　（b）

图 1-7　双列直插集成电路与表面安装集成电路

（a）双列直插集成电路　（b）表面安装集成电路

表面安装元器件分为两种，一种是表面组装元件（surface mounted component，SMC）；另一种是表面贴装器件（surface mounted device，SMD）。SMC又称为片式元件，最早使用的片式元件是无引线矩形片式电阻器和片式多层瓷介电容器；SMD主要是指片式晶体管和表面安装的集成电路。常见的SMC/SMD的封装形式如图 1-8 所示。

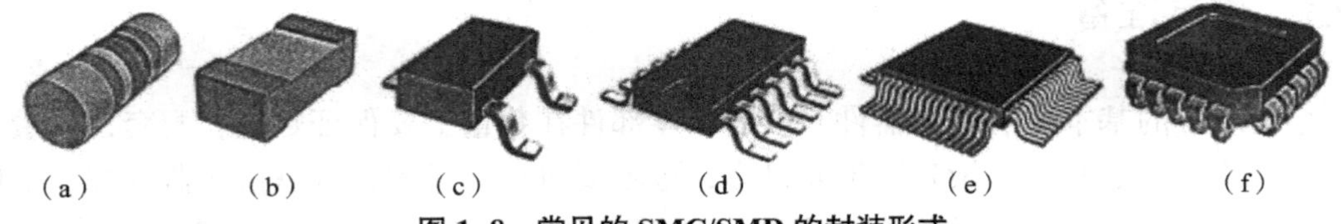

（a）　（b）　（c）　（d）　（e）　（f）

图 1-8　常见的 SMC/SMD 的封装形式

（a）二个金属电极（MELF）　（b）片式元件（CHIP）　（c）小外形晶体管（SOT）　（d）小外形集成电路封装（SOIC）　（e）四列扁平封装（QFP）　（f）带引线的塑料芯片载体（PLCC）

1.2 电子整机组装流程

电子元器件、PCB是组成电子整机的基本单元。电子产品的组装是将各种电子元器件和机电零部件按照设计文件和工艺文件的要求装接在规定位置上，组成能够实现特定功能的整机过程。虽然电子产品的生产工艺过程会因产品的复杂程度、产量大小以及生产设备和工艺的不同而有所区别，但总体来说，可以简化为组装准备、连接线加工、PCBA组装、单元组装、整机装配、整机调试和最终检验7个阶段。电子整机组装的工艺流程如图1–9所示。

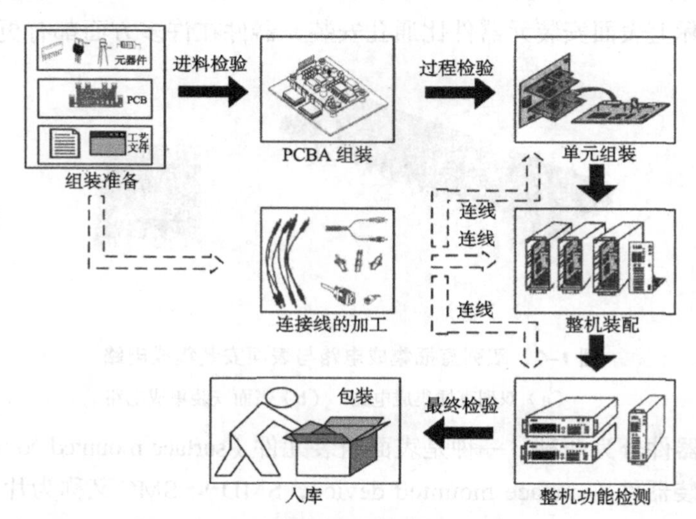

图1–9 电子整机组装的工艺流程

1.2.1 组装准备

组装准备的基本要求是元器件、PCB和零部件在数量上要保证足量、配套，质量上要保证合格。在数量上，做到既不要过多，也不要过少。过多，就是指元器件或零部件超出了额定配套的数量，这样就会在装配过程中造成不必要的浪费，从而使成本升高。过少则是某些零部件的数量没有达到额定的装配数量或者有些零部件的数量没有考虑生产过程中的消耗，这样就会在生产装配过程中因为缺少某些零部件而造成成套生产流程的停滞，给整个生产造成损失。

元器件和零部件的质量也十分重要。在准备元器件和零部件时，要对所有参与装配的元器件和零部件进行质量检验。任何未达到检验合格的都不得投入生产，对已检验合格的必须按储藏条件的要求保存。

1.2.2 连接线缆的加工

连接线缆的加工与制作主要指按照设计文件对整个装配过程中所用到的各类连接线进行加工处理，使其符合产品工艺要求。

1.2.3 PCBA 组装

PCBA组装在电子产品生产中是非常重要的环节，主要是指将电容器、电阻器、晶体管、集成电路等电子元器件按照设计文件的要求安装在PCB上，是制造电子整机的基础，也是电子整机生产中最复杂和最重要的环节。虽然电子产品是多种多样的，但PCBA组装工艺却是类似的。

通孔安装技术（THT）和表面安装技术（SMT）是目前电子企业的两种基本电路组装技术。现代电子技术的飞速发展使电子产品体积小型化、功能多样化、使用方便化成为可能。而SMT的不断发展和广泛应用使这种可能变为现实。从20世纪90年代起，SMT在很多方面取代了传统的通孔安装技术成为主流的生产技术。但是，由于少数元器件做成表面安装形式还有困难，现阶段部分PCB板上还布局有少量通孔安装元器件。当前大多数电子产品组装工艺采用SMT与THT混合的工艺，即先在SMT生产线上完成表面安装元器件的组装，再在插件线上组装通孔元器件。

1.2.4 单元组装

单元组装就是在PCB组装的基础之上，将PCB组件通过接口和连接线组合成具有特定功能的单元或模块。

1.2.5 整机装配

一般情况下，一台整机是由几个单元组成。整机装配是在单元组装的基础上，将组成电子产品的各种单元组件装在统一的箱体、柜体或其他承载体中，最终成为一件完整的电子产品。

在这一过程中，除了要完成单元组件间的装配之外，还需要对整个箱体进行布线、连线，以方便各组件的线路连接。机箱内的布线要严格按照设计要求，否则会给安装和以后的检测、保养和维护工作带来不便。

1.2.6　整机调试

装配成整机后，还需要进行调试。整机调试主要包括调整和测试两部分，调整就是对电子产品中的可调整部分（可调整元器件、机械传动器件等）进行调整，使其能够完成正常的工作过程。测试则是对组装好的整机进行功能和性能的综合检测，整体测试产品是否能够达到预定的技术指标以及是否能够实现预定的功能。

1.2.7　最终检验

最终检验是整个电子产品组装的收尾环节，它主要是对调整好的整机进行各方面的综合检测，以检测该产品是否为合格产品。也就是说，只有验收合格的产品才能最终进行出厂包装，否则将作为不合格产品处理。

实际上，在整机生产的过程中，每一个环节都需要检验。例如，在组装准备阶段，就需要对各种零部件和PCB的质量进行检验，只有合格的原材料才能送到下一到工序。这一阶段的检测主要是对元器件特性进行检测，一般称其为进料检验（incoming quality control，IQC）。

在连接线的加工与制作环节中，主要是对加工制作好的连接线缆及接头进行检验，这一阶段的检测主要是检查线路是否畅通，是否符合工艺要求。

在PCBA组装阶段，主要是对所有电子元器件的安装质量和焊点质量进行检查。例如，元器件参数错误、极性错装、漏焊、虚焊等都是这一过程经常出现的问题，这个阶段的检验称为过程检验（in process quality control，IPQC）。

在单元组装的阶段，检验的内容主要是对PCB组件之间的装联工艺和单元功能进行检验。这一过程中常出现的问题是连接线的布设不合理、连接器接口故障或因连线接触不良而造成单元电路板上的元件损坏等。

在整机组装的过程中，每一个环节都需要进行严格的检测，才能保证所装配的电子产品性能达标。

1.3　电脑主板的组装工艺

PCBA的生产技术是本门课程的重点，为使读者对现代电子产品的组装技术和工艺建立整体认识，以下将以电脑主板的制造过程为例，介绍微型化电子产品的组装流程和质量控制。

1.3.1　电脑主板组装流程

图 1-10 是电脑主板的外形图，不难看出，电脑主板上既有表面安装的元器件，又有通孔安装的元器件。其组装流程是一种典型的SMT 和THT混合工艺流程（见图 1-11）。

图 1-10　电脑主板外形

整个组装流程可以分为五部分：来料检验—SMT生产线组装—插件生产线组装—调试与检测—包装和抽检。

1. 来料检验

PCB和电子元器件是构成电脑主板的基本原料，在进入生产线之前必须进行品质检验。PCB的检验除了肉眼的表面检查外，还必须利用检测仪器对基板的厚度、插件针孔进行检查；元器件检验则包括对各种电阻、电容的参数以及是否断路、短路等项目进行检验。通过IQC检验的PCB和元器件才能进入原材料库。

PCB吸潮后，比较容易引起翘曲变形，在高温下容易分层。SMD吸潮后在焊接时就会出现“爆米花”现象。所以PCB和塑封SMD元器件必须在恒温、干燥的环境下储存，如果湿度超标，必须加热和烘烤驱湿。在规模生产的工厂里采用高温烘干法，在 125℃条件下烘干时间为 12 小时左右；塑封SMD在 80 ～ 120℃条件下烘干时间为 16 ～ 24 小时。

2. SMT生产线组装

主板上的SMC/SMD组装是在SMT生产线上完成的。SMT生产线的布局如图 1-12 所示。

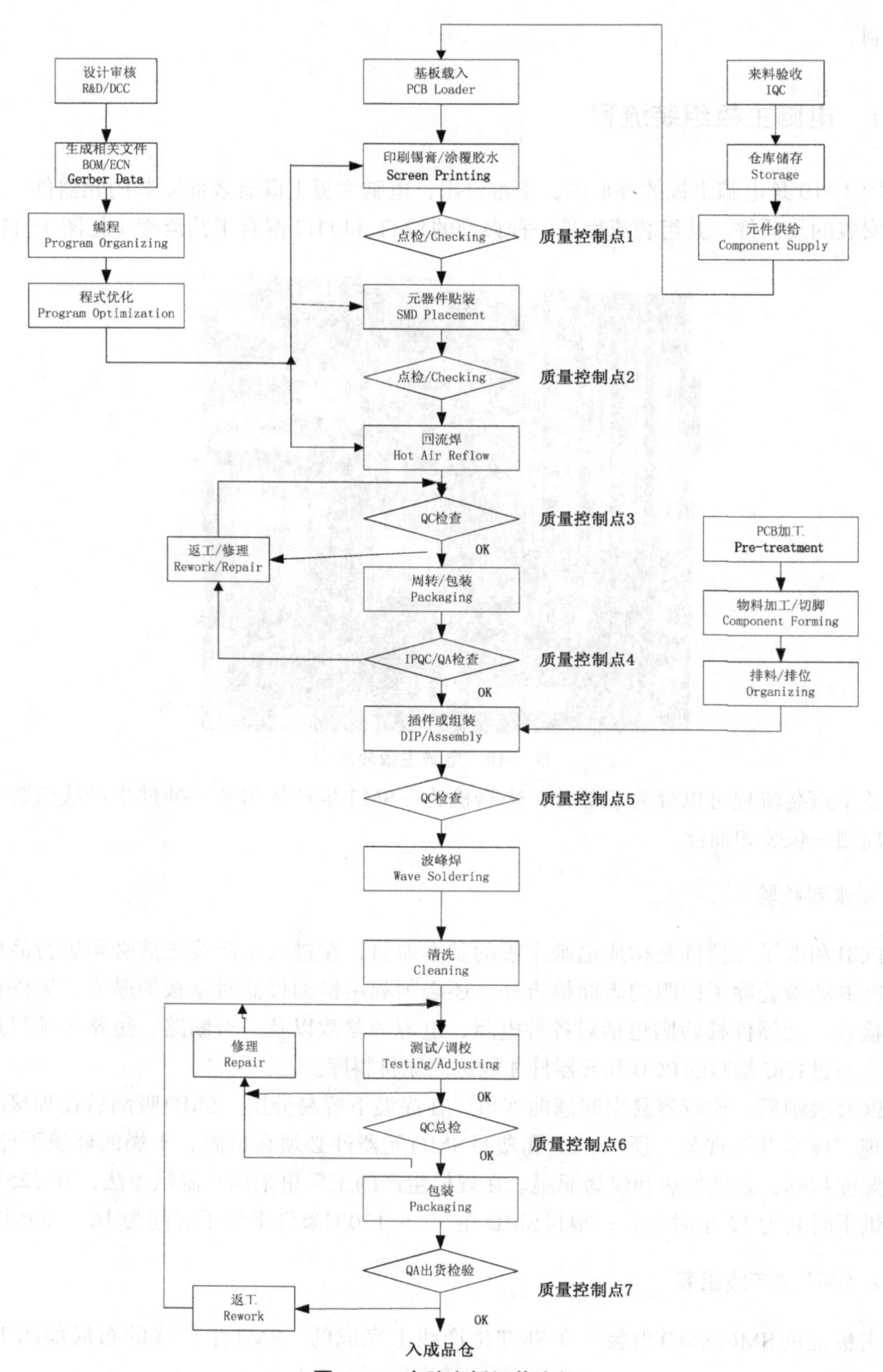

图 1-11　电脑主板组装流程

图 1-12　SMT 生产线布局

SMT的工艺流程如图 1-13 所示。

图 1-13　SMT 工艺流程图

（1）PCB装载：上板机（loader）实现PCB的装载。它将PCB光板送入印刷机中（见图 1-14）。

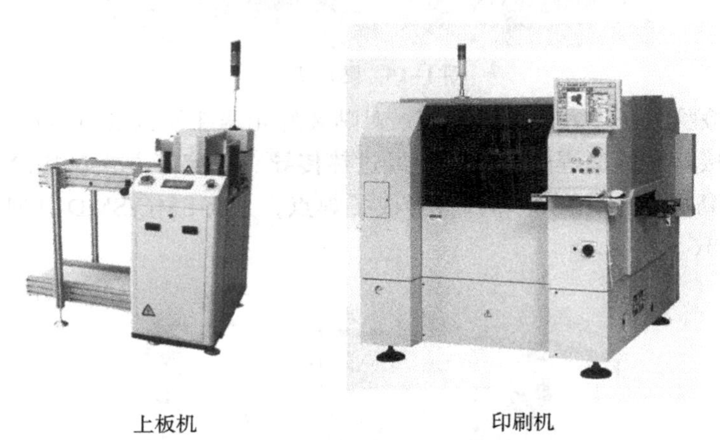

上板机　　印刷机

图 1-14　上板机与印刷机

（2）锡膏印刷（solder paste）：锡膏印刷是将适量的锡膏准确地印刷在PCB的焊盘（pad）上。印刷时，先把锡膏放置在漏版（stencil）上，利用刮刀将锡膏挤压使之透过漏版孔，脱模后，锡膏就印刷在焊盘上。

（3）贴片（pick and placement system）：贴片就是将规定元器件放置在PCB的预定位置上。一条完整的SMT生产线一般配置有高速贴片机和多功能贴片机。高速贴片机用于贴装SMC，多功能贴片机用于贴装集成电路芯片（integrated circuit chip，IC芯片）（见图 1-15）。

①SMC的贴装：贴片元件都是编带的，每一种元件有一个原料盘。贴片机工作前，必须把所有的原料盘安装在贴片机前面的供料器（feeder）架上。在一台贴片机上通常有多个原料盘同时进行工作，但元件大小应该相差不多，以利于机械手臂的操作。

②SMD的贴装：BGA封装的芯片，如主板芯片组的原料盘则放在贴片机的后面。而较大的芯片像主板芯片组都是在最后进行贴片安装的。目前多数生产厂家都使用中速贴片机，这种机型的速度在0.2～0.3片/s，它的操作过程是通过单片机编制的程序设定来完成的，并使用了激光对中校正系统。贴片时贴片机按照预设的程序动作，机械手臂在相应的原料盘上利用吸嘴吸取元件，放到PCB对应位置，使用激光对系统进行元件的校正操作，最后将元件压放在相应的焊接位置。

图1–15　贴片机

（4）贴装后检验：在进入回流焊之前，对贴装好元器件的PCB进行检查。

（5）回流焊接：在回流焊的炉膛内，经过热传导、对流等方式对其SMC/SMD加热，焊盘上的锡膏在高温下熔化后冷却，就形成了焊点，并将SMC/SMD引脚和PCB牢牢焊接起来（见图1–16）。

图1–16　回流焊接机

3.插件生产线组装

对电脑主板而言，通过SMT生产线的PCB还只是主板的半成品，还有CPU插座、ISA、PCI和AGP的插槽、内存插槽、BIOS插座、电容、跳线、晶振等需要安装。相对于它的机械化设备智能操作，双列直插封装（dual in–line package，DIP）插接生产线要简单得多，它是由操作工人手工完成的。

插件生产线的主要工序如图1–17所示。

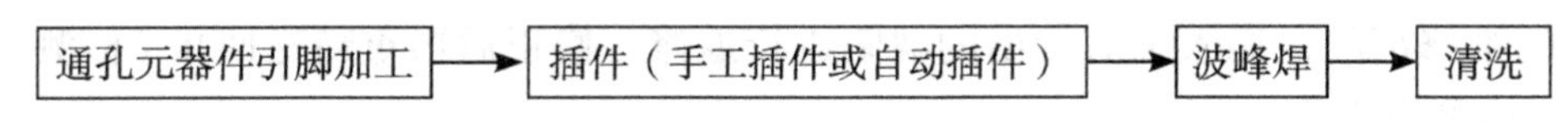

图 1–17　插件生产线工序流程

（1）通孔元器件引脚加工：插接之前的元件都必须经过IQC检测，对于一些引脚较长的电容、电阻还要进行剪短引脚，以便于插接。

（2）插件：把PCB送上DIP生产线后，操作工人按照预定的插接顺序将部件插在PCB的相应位置，整个工序由多名操作工人完成（见图 1–18）。

图 1–18　插件过程

（3）波峰焊：所有指定元件插接到PCB后，通过传输带自动送入波峰焊接机。波峰焊接机是自动焊接设备，在它的前段给要焊接的插接件喷上助焊剂，通过不同的温区变化对PCB加热。波峰焊机的后半部是一个高温的液态锡炉，它均匀平稳地流动，为了防止氧化，通常在它的表面还覆盖着一层油。PCB传过来后利用其高温的液态锡和助焊剂的作用将插接件牢牢焊接在PCB上。通过波峰焊的PCB板，如果有少量的元件引脚漏焊、虚焊，还要手工补焊和修复。

（4）清洗：焊接合格的产品才可以进入清洗设备，对焊接时使用的有害助焊剂进行清洗，有水洗和化学试剂两种清洗方法，清洗后通过清洗机后端的烘干设备对PCB烘干。目前不少主板生产厂家都开始使用免清洗助焊剂，可以免去清洗过程。

4. 调试与检测

为保证产品质量，在生产过程中需要采用各类测试技术进行检测，及时发现缺陷和故障并修复。生产线PCBA的测试要经过在线测试和功能测试两个步骤，当组装成成品时，还要经过最终的功能测试。

（1）在线检测（in circuit testing，ICT）。在线检测是利用测试仪对PCBA 进行检测。这道工序可以检查出焊接后PCBA的电阻、电容、电感、晶体管等元器件的桥接、虚焊、开路以及元器件缺失、极性错误、参数超差等缺陷。不合格的PCBA将送到SMT

生产线的维修部门，靠人工对检出的缺陷进行返修，修正后再重新送回ICT检测，直到通过ICT检测为止。

（2）功能测试（function testing，FT）。利用专门功能测试设备对PCBA测试，能测试出PCB组件能否实现预先设计的功能。FT测试设备是用针床或专用的接触式器具对电路加激励信号，采集关键点的响应信号，通过软件对响应信号做出评价和判断。这种测试是为了确保线路板能按照设计要求正常工作。

（3）最终功能测试（finally function testing）。通过清洗的PCB人工安装上BIOS芯片和供电电池、跳线帽、散热片等，就制成了一块完整的主板。电脑主板的最终功能测试就是让主板通过实际的应用平台检测。首先要使用普通机箱电源对PCB的供电电源部分进行测试，确定电源正确后再送入整机平台性能测试。这个测试平台使用当前流行的配置，对主板的稳定性、兼容性以及各种模拟的软件工作环境进行检测，检测过程中通常还要在主板上加上Debug卡监测系统运行出现的错误，在错误发生时，Debug卡会显示出错代码，检测人员即可根据代码检查对应部分电路。检测结束后的主板将打上“QC OK”的标志，送到下一道包装工序。

5. 包装和抽检

主板贴上标签后放入包装盒，再依次放入附件产品和说明书后直接打包。在入库之前，已打包的主板还必须通过FQC（最后制程品管）的抽检，抽检是从每100片产品中抽取20片进行检测。抽检过程与在线检测的应用平台相似，但检测要求比较高，而且更为严格，如果检测的一个批次产品中有无法通过检测的产品，此批次产品将视为不合格，必须重新返工。我们可以看到在主板的生产过程中，严格和全面的检测手段为产品提供了最好的质量保证，抽检合格的产品存入产品库区并可打包出货。

1.3.2 电脑主板组装的质量检查

生产过程中的质量检验（quality check）对提高产品的质量非常重要，检验工作一般分为进料检验、过程检验和出货检验。

1. 进料检验

进料检验（IQC）是对原材料、外购件和外协件等入库前进行接收检验，目的是确保产品质量和保证生产的正常进行，包括首批检验和成批检验的入厂检验。

（1）首批样品检验：是采购方对供应方提供的样品的鉴定性检验认可，认可后的样品作为以后进料的比较基准，首件样品的检验通常用于供方首次交货、供方产品设计或结构有重大变化、供方产品生产工艺有重大变化的情况。

（2）成批进货检验：成批进料检验是对按采购合同的规定供方持续性供货的正常检验，该检验应根据供方提供的品质证明文件实施核对性的检查，针对货品的不同情况采用分类检验法和抽样检验法。目的在于防止不符合质量要求的原材料、外购件进入生产过程。

2. 过程检验

过程检验（IPQC）的目的是为了防止出现大批量的不合格品，避免不合格品流入下道工序去继续加工。因此过程检验不仅要检验产品，还要检定影响产品质量的几个主要因素。过程检验主要起到两种作用：

（1）根据检测结果对产品做出判定，即产品质量是否符合规格和标准的要求。

（2）根据检测结果对工序做出判定，即过程各个要素是否处于正常的稳定状态，从而决定工序是否应该继续生产。

过程检验通常有 3 种形式：首件检验、巡检（巡回检验）、末件检验。

（1）首件检验：长期的实践证明，首检制是一项尽早发现问题、防止产品成批报废的有效措施。通过首件检验，可以发现很多系统性问题的存在，从而采取纠正或改进的措施，以防止批次性不合格品发生。通常在下列情况下应该进行首件检验：

①一批产品开始投产时；

②每班开始生产时；

③停机后重新启动时；

④设备调整时；

⑤材料更换时；

⑥人员变化时。

首件检验一般采用“三检制”，即操作人员自检，班组长进行复检，质检员进行专检。

（2）巡检（巡回检验）：就是检验人员按一定的时间间隔和路线到生产现场，用抽查的形式，检查刚加工出来的产品是否符合图纸、工艺和检验指导书所规定的要求 。当巡检发现工序问题时，应进行两项工作：一是寻找产生问题的原因，并采取有效的纠正措施，以恢复其正常状态。二是对上次巡检后到本次巡检前所生产的产品，进行标识、隔离，并要求生产部门重检、筛选，以防止不合格品流入下一道工序。

（3）末件检验：即一批产品或每班生产完毕，全面检查最后一件，如果发现问题，可在下批投产前把问题解决，以免在下批投产后发现问题，因为处理问题而影响生产进度。

3. 出货检验

出货检验（QA）也称为最终检验或成品检验，是对完工后的成品质量进行的检验。

SMT 生产是一种高速的生产过程。对产品的质量控制要落实在生产的过程中。通常 SMT 生产线的质量控制点共有 7 个：

质量控制点 1：印刷锡膏点检（screen printing）；

质量控制点 2：组件贴装点检（SMD placement）；

质量控制点 3：回流焊后 QC 检查（hot air reflow）；

质量控制点 4：周转/包装 QA 检查（packaging）；

质量控制点 5：插件组装点检（assembly）；

质量控制点 6：波峰焊总检（wave soldering）；

质量控制点 7：QA 出货检查。

质量控制点 1、2 、5 由操作者自检，质量控制点 3、4 设有专职的QC检查员，如果不合格，还需要返修，待返修合格后，才能流入下一道工序。

上述的 7 个质量控制点中，印刷锡膏点检是最为重要的一步。据统计，70%左右的质量问题都是因为这一个环节的问题所导致。上述各质量控制点的工艺标准在IPC标准中有详细的规定，具体可参阅有关IPC文件。

要说明的是不同的产品工艺流程是不同的。即使相同的产品，由于选用不同的元器件及生产设备，不同企业的工艺流程也很可能是不一样的。没有绝对不变的工艺流程，只有最适合企业的工艺流程。

实际生产过程中的工艺远比以上所述复杂。但通过这个典型例子的介绍，可以使读者了解现代电子产品的生产技术、制造工艺及检测手段等方面的知识，为后续各章节的学习奠定基础。

实训 1　电脑主板生产线参观

目的： 通过参观某公司电脑主板生产线，了解元器件的自动焊接工艺流程及设备。

设备与器材： 电脑主板或相关产品生产线。

内容： 参观插件机，参观波峰焊机，参观点胶机，

参观印刷机，参观贴片机，参观ICT和FT。

习　题

（1）解释下列术语：

PCB　PCBA　SMA　THT/SMT　SMC/SMD

（2）一般说来电子产品组装分为哪几个级别？

（3）生产一个微型化的电子产品大致要经过哪几个工艺环节？

（4）简述SMT生产线的功能、插件生产线的功能。

（5）简述最简单的SMT线的工艺流程。

（6）插件线采用什么技术焊接，画出工艺流程图并加以说明。

（7）结合一个实际的电子产品，画图说出其工艺流程。

单元2　通孔安装元器件与表面安装元器件

本单元介绍了通孔安装元器件，包括电阻、电容、电感、变压器、二极管、三极管等；表面安装元器件，包括电阻、电容、电感、变压器、二极管、三极管、集成电路等。还从企业应用的角度集中介绍了现代电子制造业中常用的通孔安装元器件和表面安装元器件的封装、主要性能、参数及标示的识别、简易的测试方法等内容，并在最后安排了元器件的识别的实训。这些内容对电子产品的制造、设计、维修都是十分重要的。

学习目标

1. 理论部分

◇掌握常用元器件的作用；

◇掌握元器件的标识方法；

◇掌握元器件封装与极性判别。

2. 实训部分

◇学会用万用表对各种通孔安装元器件与表面安装元器件进行测试。

2.1　电　阻

电阻是组成电路的一种基本元件，在电路中，电阻用来稳定和调节电流、电压，做分流器和分压器，也可做消耗电路的负载。

2.1.1　电阻的种类、电路符号、单位

电阻的种类繁多，按用途分为通用电阻、精密电阻、电位器等。根据封装方式分为通孔安装电阻和表面安装电阻两大类。在通孔安装电阻中，根据材料可分为碳膜电阻、

金属膜电阻、绕线电阻等；根据引出线的形式又可分为轴向安装方式、径向安装方式和双列直插式排电阻（见图 2-1）。图 2-2 是常用的几种电阻封装形式。电阻的电路符号如图 2-3 所示。

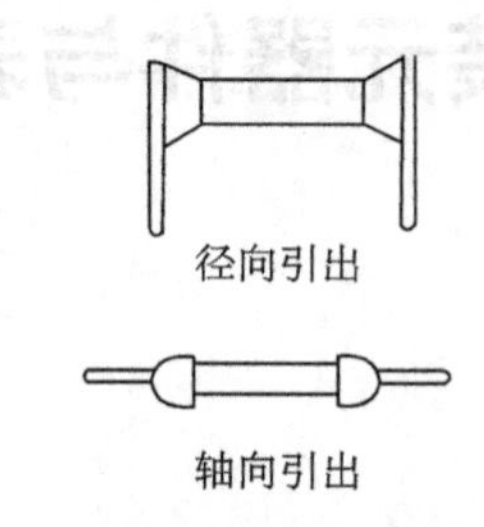

图 2-1　径向元件与轴向元件

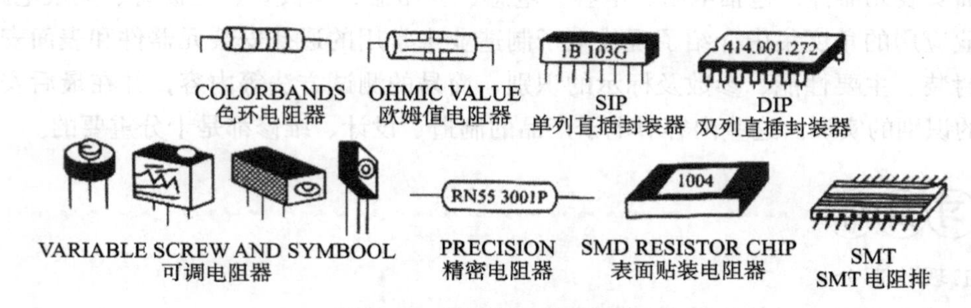

图 2-2　常用电阻的封装形式

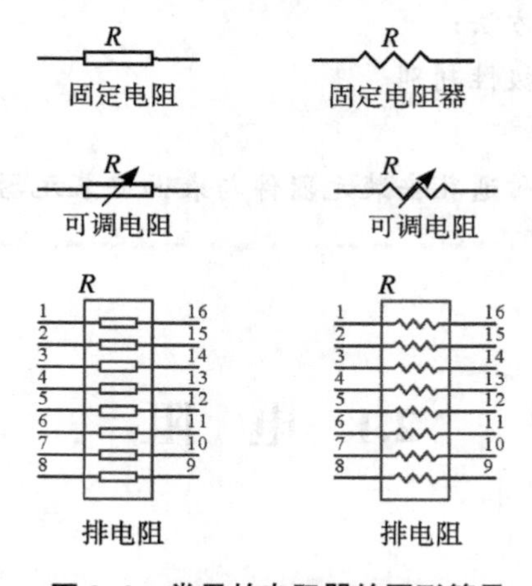

图 2-3　常见的电阻器的图形符号

2.1.2　通孔安装的电阻器

1. 主要参数

电阻器的技术参数有标称阻值、误差、额定功率等。

1）标称阻值及允许偏差

电阻的单位有 Ω、kΩ、MΩ 等几种。它们的换算关系为 $1\,\Omega=10^{-3}\,k\Omega=10^{-6}\,M\Omega$。

标称值是标记在电阻表面的值。电阻器阻值的范围很广，可以从几 Ω 到几十 MΩ，但都必须符合阻值系列。目前常用的电阻数值有三大系列 E6、E12、E24。电阻器的标称值应是表 2-1 所列数值再乘以 10^n，其中 n 为正整数、负整数或者是零。

表 2-1　电阻器的标称阻值系列表

系列	偏差	电阻的标称值
E24	Ⅰ级 ±5%	1.0；1.1；1.2；1.3；1.5；1.6；1.8；2.0；2.2；2.4；2.7；3.0；3.3；3.6；3.9；4.3；4.7；5.1；5.6；6.2；6.8；7.5；8.2；9.1
E12	Ⅱ级 ±10%	1.0；1.2；1.5；1.8；2.2；2.7；3.3；3.9；4.7；5.6；6.8；8.2
E6	Ⅲ级 ±20%	1.0；1.5；2.2；3.3；4.7；6.8

电阻实际值与标称电阻值往往有一定的偏差，这个偏差与实际电阻的百分比是电阻器误差。误差小，精度高。电阻值的标记方法有 3 种，它们是直标法、色环标记法和数码标记法。

（1）直标法：是指在电阻表面直接标记电阻值。

（2）色环标记法：用颜色环代表电阻的阻值和误差。这种电阻又称为色环电阻。不同颜色代表不同的标称值和偏差。

常见的色环电阻有四色环电阻和五色环电阻两种，表示方法如图 2-4 所示，色环电阻的读数规律值如表 2-2 所示。

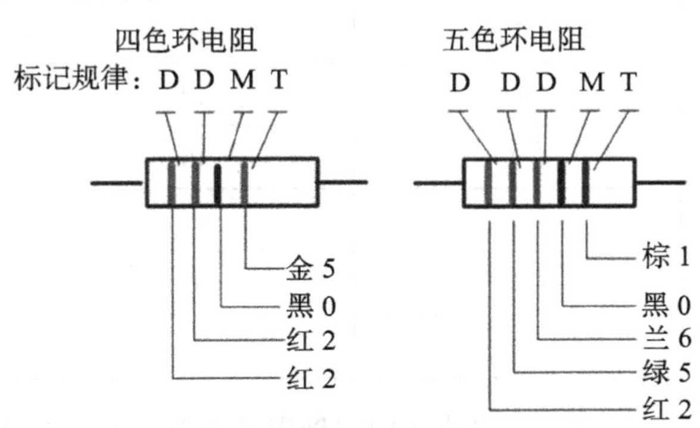

图 2-4　四色环电阻和五色环电阻的标记规律

①四色环电阻的读数规律：D　D　M　±T

（数字—数字—10 的指数—误差）

图 2-4 中四色环电阻的阻值为 22×10^0 ±5%=22 Ω ±5%。

例 2-1：电阻四色环：黄　白　棕　金

4　9　10^1　±5%　　阻值：490 Ω ±5%

电阻四色环：红　红　黑　金

2　2　10^0　±5%　　阻值：22 Ω ±5%

②五色环电阻的读数规律：D　D　D　M　T

（数字—数字—数字—10 的指数—误差）

图 2-4 中五色环电阻的阻值为 256×10^0 ±1%=256 Ω ±1%。

例 2-2：电阻五色环：紫　绿　黑　银　棕

7　5　0　10^{-2}　±1%　　阻值：7.5 Ω ±1%

电阻五色环：红　紫　绿　红　棕

2　7　5　10^2　±1%　　阻值：27.5 kΩ ±1%

电阻五色环：红　绿　兰　红　棕

2　5　6　10^2　±1%　　阻值：25.6 kΩ ±1%

表 2-2　色环表（The color code）

颜色（color）	数字（digital）	10 的指数（multiple）	误差（tolerance）
黑（black）	0	10^0	
棕（brown）	1	10^1	±1%
红（red）	2	10^2	±2%
橙（orange）	3	10^3	
黄（yellow）	4	10^4	
绿（green）	5	10^5	
蓝（blue）	6	10^6	
紫（violet）	7	10^7	
灰（gray）	8	10^8	
白（white）	9	10^9	
金（gold）		10^{-1}	±5%
银（silver）		10^{-2}	±10%
无（nothing）			±20%

（3）数码标记法：用数字表示阻值，用字母表示误差，如表 2-3 所示。

表 2-3　误差代码表

B= ±0.1%	C= ±0.25%	D= ±0.5%	F= ±1%	G= ±2%	J= ±5%	K= ±10%	M= ±20%	Z= ±80%/-20%

读数的规律与色环电阻相同，即DDMT或DDDMT。所不同的是D、M用数码标记而不是用色环来表示。

例如，222 J 表示电阻 22×10^2 ±5%，即 2.2 kΩ，偏差为 ±5%。

采用数码标记的元件有精密电阻、可变电阻、表面安装电阻等，有些电容器、电感器也采用数码标记的方法。

2）额定功率

额定功率是电阻器长期安全使用所能承受的最大消耗功率的数值，在PCB上常用1/8 W，1/4 W，1/2 W，1 W。电阻器的额定功率大，其外形体积相应会大一些。小于1W的电阻器在电路图中不标出，大于1 W的电阻器才标出。

2. 几种特殊电阻

（1）精密电阻。一般说来，精密电阻的外表是蓝色或棕色的（见图 2-2 中的“PRECISION”电阻），阻值与误差用色环表示。额定功率有时是用代码表示，额定功率的范围从 1/8 W到 1 W不等。

代码：RN55=1/8 W（最小），RN60=1/4 W，RN65=1/2 W，RN70=3/4 W，RN75=1 W（最大）

读数规律：DDDM ± T　　其中误差（T）用字母标记

例 2-3：RN55 3 001 F　　额定功率：1/8 W，阻值：3 000 Ω ± 1%

RN65 2 001 F　　额定功率：1/2 W，阻值：2 000 Ω ± 1%

（2）排电阻。排电阻有SIP和DIP两种（见图 2-5）。SIP（single in-line package）代表单列直插电阻，DIP（dual in-line package）代表双列直插电阻。这两种排电阻都有方向性。它们的标记通常在元件体的一侧，用点或刻痕表示，脚 1、脚 2、脚 3 等依次按逆时针方向排列。

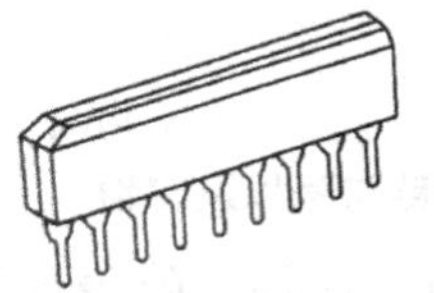

SIP（单列直插电阻）

DIP（双列直插电阻）

图 2-5　排电阻

通常有 3 种信息印在SIP、DIP电阻上：

①引脚数目：第一个数字表示电阻排的电极数目。

②种类：SIP、DIP电阻分为连接型和分离型两种（见表 2-4）。连接型是指内部电阻是连接在一起的，有一个公共端；分离型表示各电阻是分开的（见图 2-6）。

表 2-4　种类表

连接型	X	A	1	001	61	81
分离型	Y	B	2 或 3	002 或 003	62 或 63	82 或 83

③生产日期：大部分SIP、DIP排电阻生产厂商都有制造日期。如“8843”指 1988 年的第 43 周。

例 2-4：8 B-103 G　//　8 脚分离型　　阻值：10 000 Ω ± 2%

10 X-001-272　//　10 脚内部连接型　　阻值：2 700 Ω

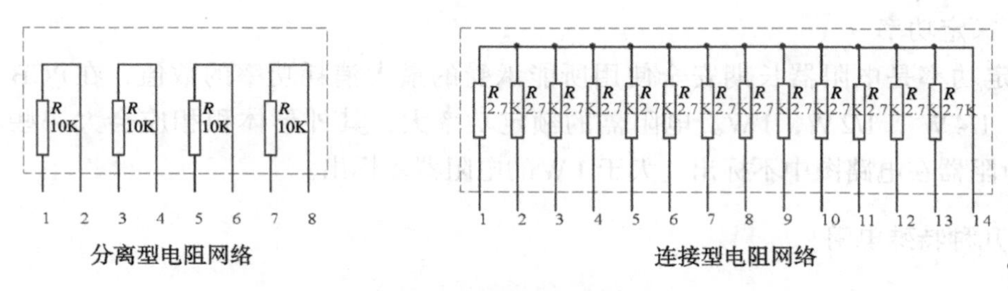

图 2-6　排电阻的内部电路

（3）电位器。电位器是一种电阻值可以连续变化的电阻器。电路符号如图 2-7 所示。电位器一般有三个引线端，*a*、*b*引线端之间的电阻是固定的。*c*端是电位器的滑动端。调节*c*，电阻R_{ac}、R_{bc}变化。电阻的变化规律有线性式、对数式、指数式三种。线性电位器是指阻值的变化与转柄转角呈线性关系。特点是转动角度大，电阻变化大。这种电位器多用在分压器电路中。对数式电位器是指电阻变化与转动角度呈对数关系。特点是在开始调节是阻值变化很大，在转角过半后，电阻变化缓慢。这种电阻器尤其适合音量控制和图像的对比度调节。

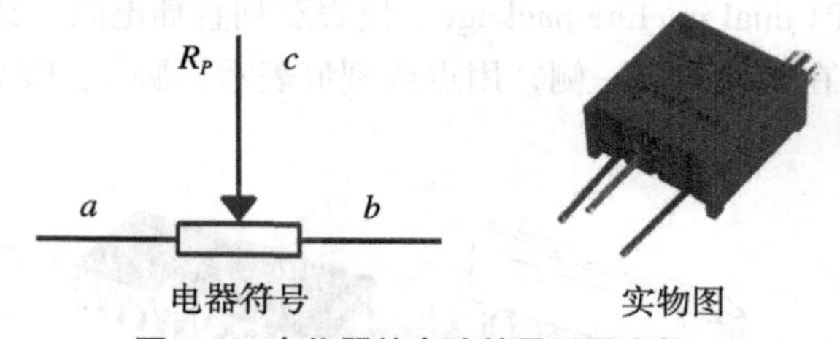

图 2-7　电位器的电路符号以及实物

电位器由于频繁的转动转柄而易产生故障，这种故障表现为滑动端接触不良。可以通过测电阻来辨别。方法是：①测量*a*、*b*端的总阻值看是否和标称电阻一致。②转动转柄，测量R_{ac}、R_{bc}，看阻值的变化情况，如有“∞”，则说明电阻滑动端接触不良。电位器的封装形式如图 2-8 所示。

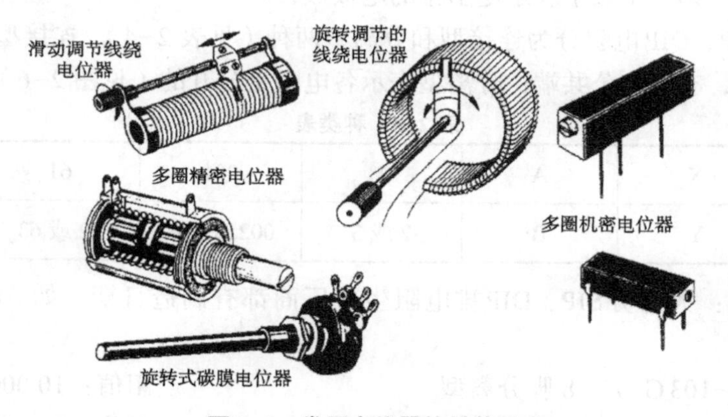

图 2-8　常用电位器的封装形式

3. 电阻器的选用与质量判别

（1）电阻器的选用。电阻器的选用首先要考虑阻值是否符合要求，其次要考虑电阻的材料、标称值的误差和额定功率等因素。

①部分电阻器的特点及选用（见表 2–5）。

表 2–5　部分电阻器的特点及选用

名称及型号	特点及用途
碳膜电阻器（RT）	阻值范围大，性能较好。在 −55 ～ 40℃ 的环境温度中，可按 100% 的额定功率使用
金属膜电阻器（RJ） 氧化膜电阻器（RY）	体积小，精度高。在 −55 ～ 70℃ 的环境温度中，可按 100% 的额定功率使用
功率线绕电阻（RX）	功率大，能经受高热，本身产生的噪声小，热稳定性好

不要片面地追求电阻的高精度，应根据实际需要选用。

②为保证可靠性，所选用电阻的额定功率应是该电阻实际承受的 1.5 ～ 2 倍。

（2）电阻的型号表示方法。

电阻的型号表示如下：

例 2–5：电阻器RT–5–a–30 kΩ ± 5%为 5 W 功率，30 kΩ ±5% ，轴向引线，碳膜电阻器。

例 2–6：电阻器RJ–0.5–100 Ω ± 1% 为 0.5 W功率，100 Ω ± 1%，金属膜电阻器。

（3）电阻器的质量判别。固定常见的故障是电阻体或引线折断以及烧焦。若这种情况发生，从外观上就可以看出。电阻器内部损坏或电阻变化较大，可以通过万用表的欧姆挡测量来核对。若电阻内部或引线有问题以及接触不良时，用手轻轻摇动引线可以发现松动现象，用万用表的欧姆挡测量时就会发现指示不稳定。

2.1.3　表面安装的电阻器

表面贴装电阻通常比通孔安装电阻体积小，有矩形（CHIP）、圆柱形（MELF）和电阻网络（SOP）三种封装形式。与通孔元件相比，其具有微型化、无引脚、尺寸标准化，特别适合在PCB板上安装等特点。

1. 矩形片式封装电阻器

（1）结构与封装。片式电阻的实物图如图 2–9 所示，常用的封装是CHIP 1206、1005、0603 、0402。结构图如图 2–10 所示。外形是长方形，两端有焊接端。通常下面为白色，上面为黑色。片式电阻有 3 层端焊头：最内层为银钯合金，它与陶瓷基板有良好的结合力；中间为镍层，它是防止在焊接期间银层的浸析；最外层为端焊头，一般为锡铅（Sn-Pb）合金层或银钯（Ag-Pd）合金层。

图 2-9　片式电阻的实物图

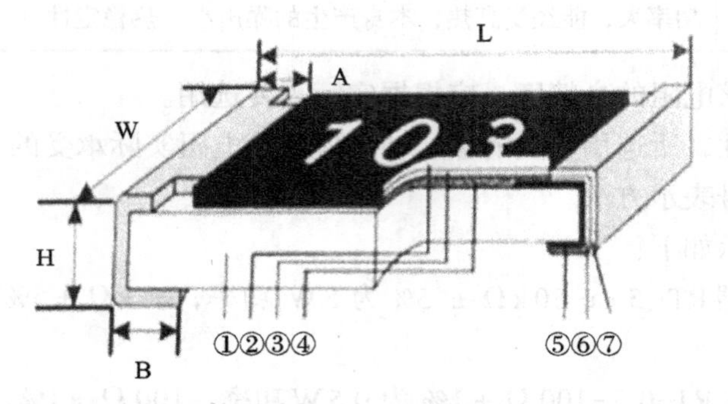

①高纯度氧化铝基板　②第二层密封层（树脂）　③基层密封层（玻璃）　④阻抗元素

⑤端面（内）镍/铬层　⑥端面（中）镍层端面（外）　⑦锡层（无铅）

图 2-10　片式电阻的结构

①外形尺寸：CHIP元件是以外形的长宽尺寸命名，以 10 mil 为单位，$1\text{mil}=10^{-3}$ in，1in=25.4 mm，10 mil=0.254 mm。

例 2-7：1206 是指长 × 宽=0.12 in × 0.06 in=3.2 mm × 1.60 mm

0603 是指长 × 宽=0.06 in × 0.03 in=1.6 mm × 0.08 mm

②包装：为了适合贴片机装载，一般多采用盘式编带包装（见图 2-11）。

图 2-11　CHIP 电阻包装形式

（2）标记识别方法。元件外形尺寸稍大一点的电阻（如 1206）标称值标在电阻体上。识别的规律如下：

①精度为 5%的电阻用三位数码表示，即D D M（误差不标，默认$T=\pm5\%$）。

例 2-8：000=0 Ω（是跨接线）

$182=18\times10^2=1.8\ \text{k}\Omega\pm5\%$

$101=10\times10^1=100\ \Omega\pm5\%$

②精度为 1%的电阻的电阻值用四位数码表示，即D D D M（误差不标，默认$T=\pm1\%$）。

例 2-9：$1000=100\times10^0=100\ \Omega\pm1\%$　$2005=200\times10^5=20\ \text{M}\Omega\pm1\%$

4R70=4.70 Ω（R代表小数点）

如果外形尺寸小（如 0603），标称值则标注在编带盘上。

2. 圆柱形封装电阻器

（1）结构与封装。MELF电阻器是在高铝陶瓷基体上覆盖金属膜或碳膜，两端压上金属帽电极而成的（见图 2-12）。

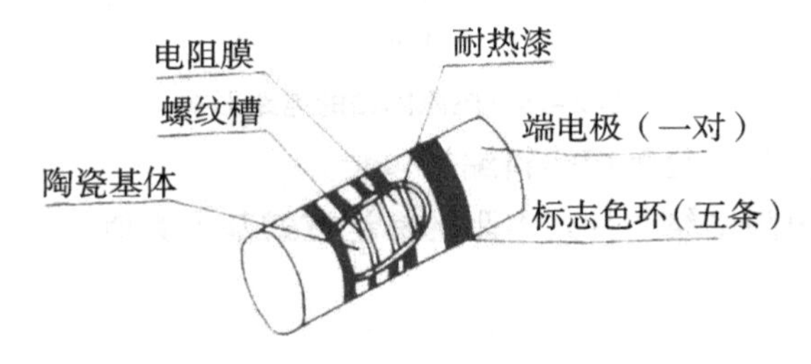

图 2-12　MELF 电阻器封装形式

MELF电阻器有散装和编带包装两种，与CHIP电阻基本类似。

（2）标记的识别。MELF电阻采用色环标记，有三色环、四色环、五色环 3 种，色环的标志如图 2-13 所示。读数规律与色环电阻相同。

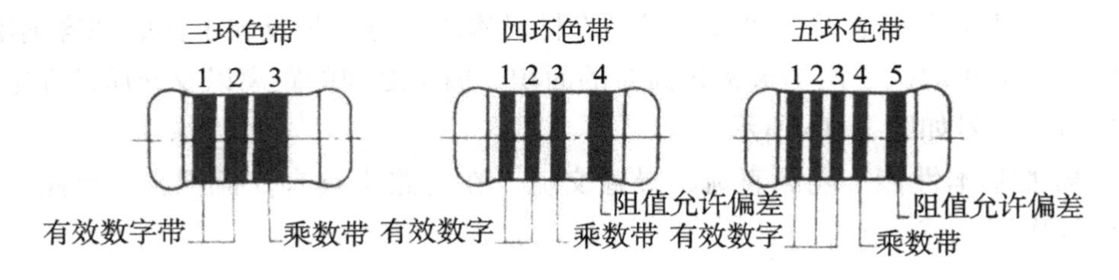

图 2-13　各种色环电阻

3. 小型固定电阻网络

电阻网络是由几个相同电阻器集成的复合元件，具有体积小、重量轻、可靠性高、可焊性好等特点。电阻网络常用的是SOP封装（见图 2-14）。

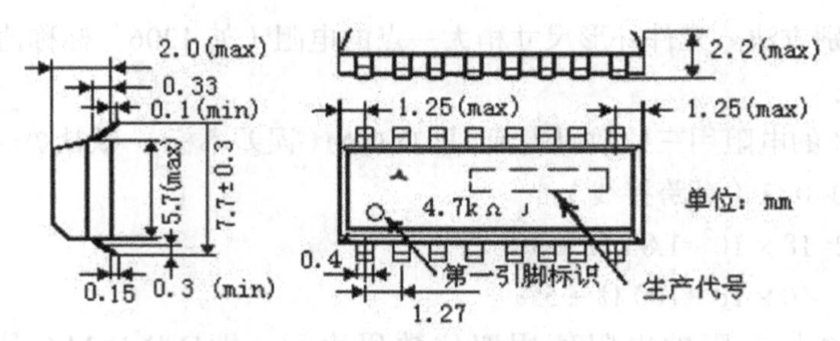

图 2-14　电阻网络的封装

（1）电路组成。根据用途的不同，电阻网络有多种电路形式。常用的有三种（见图 2-15）。

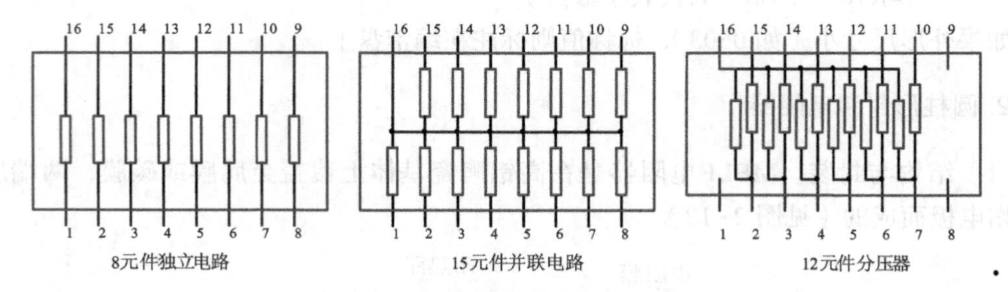

图 2-15　电阻网络的电路形式

（2）包装。电阻包装一般采用塑料编带包装。

（3）识别方式。电阻网络与片式电阻的标记方式基本类似。

2.2 电　容

电容器由两个金属电极中间加一层绝缘材料构成。电容量反映了接收和容纳电荷的能力。电容的大小取决于两个极板相面对的面积、极板之间的距离以及介质的介电常数，电容器的电路符号如图 2-16 所示。

电容器的基本性能：隔断直流，导通交流。在电路中具有交流耦合、旁路、滤波、信号调谐等作用。

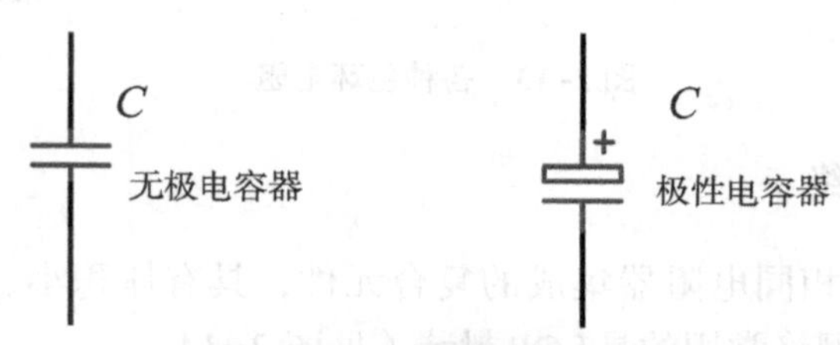

图 2-16　电容器的电路符号

2.2.1　电容器的类型和电容器的主要参数

1. 电容器的类型

（1）纸介电容器。纸介电容器由两种相互之间用浸渍纸层绝缘的金属箔（大多数是铝箔）构成，金属箔和绝缘材料卷绕在一起。

（2）金属化纸介电容器。金属层的厚度不影响电容器的电容量。如果要在一定的耐压强度下实现单位体积有大的电容值，则应努力使厚度尽可能地小。

（3）金属化聚酯薄膜电容器。金属化聚酯薄膜电容器的制作原则与金属化纸介电容器一样，采用聚酯薄膜介质。

（4）电解电容器。在电解电容器中，电容器的介质由导电的液体（即电解质）构成，在特殊结构形式下也采用有相似特性的半导体材料来代替电解质。

（5）可调电容器。图 2–17 是常用的几种电容器。通孔安装的电容器多半是径向封装的，表面安装的电容器大多是CHIP封装。

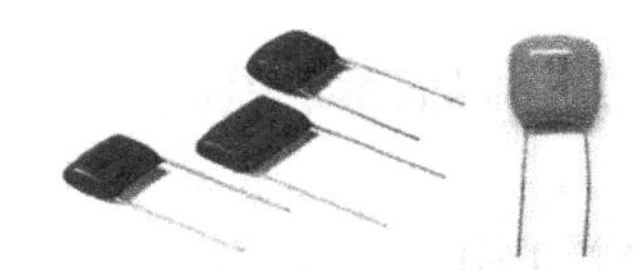

聚酯电容（无极性径向封装）

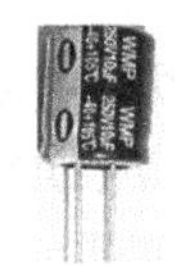

电解电容（有极性径向封装）

陶瓷电容（无极性片式封装）

钽电容（有极性片式封装）

图 2–17　常用电容器的外形

2. 电容器的主要性能参数

电容器的主要性能参数是电容量和额定工作电压。

（1）电容量：反映了电容器储存电荷的能力，由标称值和单位两部分组成。电容量基本单位是法拉（F），常用的单位还有nF、μF、pF。

换算关系为：10^{12} pF=10^{9} nF=10^{6} μF=1 F。

电容器的标称值由标称容量和误差两部分组成。电容器的容量和偏差的标记方法有直标法、代码标记法。

（2）额定直流工作电压：是指电容器在电路中能够长期可靠工作而不被击穿所能承受的最高电压（又称耐压）。不同的电容器有不同的耐压值。耐压值直接标注在电容器的外壳上。可变电容器多数用在电压较低的高频电路中，不标明耐压值。

2.2.2 通孔安装的电容

1. 电容量标称值的识别

（1）直标法。将电容量和耐压以数字的形式直接标记在电容器的外壳上，其中误差一般用字母（也有用数字）表示，如表 2-6 所示。

表 2-6 误差表

B= ±0.1%	C= ±0.25%	D= ±0.5%	F= ±1%	G= ±2%	J= ±5%	K= ±10%	M= ±20%	Z= ±80%/-20%

例 2-10：47 nJ100 表示电容为 47 nF，误差为 ±5%，耐压 100 V。

当电容器上没有标记单位时，单位按下列原则确定：

瓷片电容数字在 1 ～ 10^4 之间时，单位是pF。

涤纶电容数字小于 1 的单位是 μF。

电解电容数字在 1 以上的单位都是 μF。

（2）代码标注。

代码标注：用三位数码表示电容量的大小，用字母表示误差。

读数规律：DDM ± T 或DDM。

其中数字“D”用代码表示，单位为pF，误差T用字母代表示。

例 2-11：103 K=10 000 pF ± 10%　　336 K=33 μF ± 10%　306 G=30 μF ± 2%

特例：R22 表示 0.22 μF

2. 电容器的选用与质量判别

（1）电容器的选用。电容器的种类繁多，性能指标各异。合理选择电容器对产品设计是重要的。中高频电路可选择涤纶电容或聚苯乙烯电容，高频电路一般采用高频瓷介或云母电容，电源滤波、旁路、退耦可选用铝电解电容器或钽电容。

（2）电容器型号。电容器的主要性能参数在电容器型号中都会反映出来。清楚命名规则才能正确选用电容器。

例 2-12:“电容器CY-1-250-D-180 ± 5%”表示：云母电容器，耐压 250 V，容量 180 pF ± 5%。

命名规律如下：

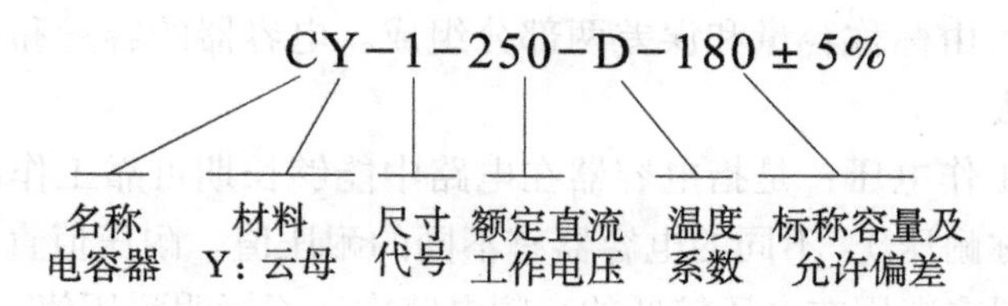

例 2–13："电容器CD11–16–22" 表示：铝电解电容器，耐压 16 V，容量 22 μF。

命名规律如下：

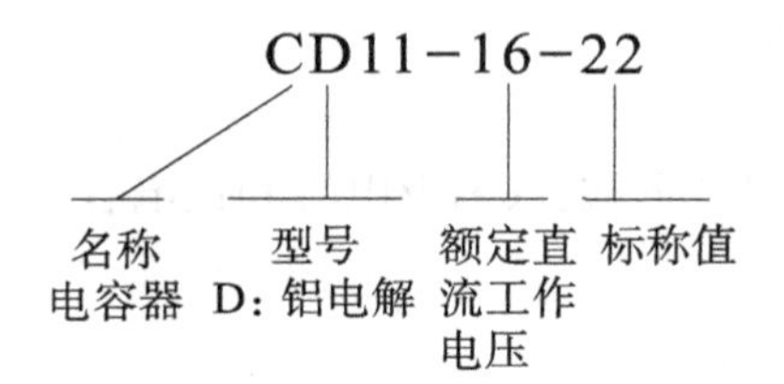

（3）电容器简易测试与容量判别。5 000 pF以上的电容器，可以用万用表的高电阻挡对电容器充放电来判别有无容量。具体步骤是，用表头接触电容器的两端，表头指针应摆动一下，然后逐步复原。将红黑表笔对调后再接触电容器，表头指针还会再摆动，且摆动幅度更大。电容器的容量越大，指针摆动幅度越大，指针复原的速度也越慢。根据指针摆动的幅度可判别其容量的大小。若用最高电阻挡判别时指针也不动，则说明电容器内部断路。

对于 5 000 pF 以下的电容器，用万用表的最高挡已看不出放电现象，应采用专门的电容测量仪器判别。

3. 电解电容器极性

直观判定：一般电解电容器的外壳上标有 "+" 或 "–"。

用万用表判别（见图 2–18）：电解电容器的极性也可以用万用表来判别。即根据正接漏电小，反接漏电大的现象来判别其极性。方法如下：首先用指针式万用表测量电解电容器的漏电电阻值，然后将红黑表笔对调一下，再测量一次漏电电阻值。两次测量中，漏电电阻值小的一次，黑表笔所接触的是负极，剩余的一极就是正极。

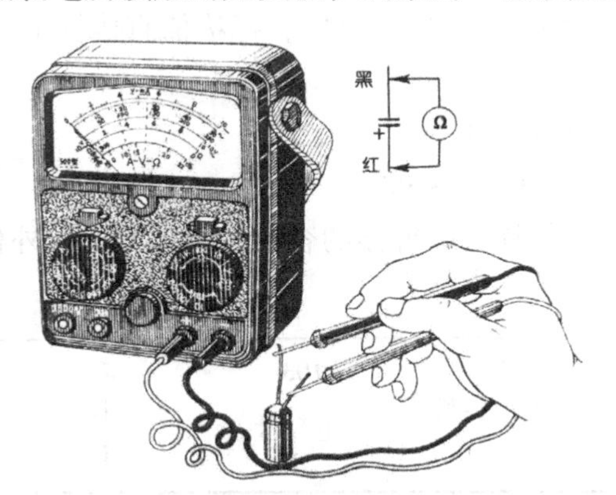

图 2–18　用指针万用表判别电解电容器的极性

4. 电容器漏电

用指针式万用表电阻 $R \times 10\,\mathrm{K}$ 量程挡。将表棒接触电容器的两极，表头指针应向顺时针方向跳动（500 pF 以下的电容观察不出跳动），然后逐步逆时针复原，即退至 $R\,\infty$ 处。如果不能复原，稳定后的读数表示电容器漏电的电阻值。其值一般为几十至几百 kΩ，电阻越大，说明电容器的绝缘性能越好，漏电越小。

2.2.3 表面安装的电容

表面安装的电容有两种封装形式：CHIP电容和钽电容。

1. CHIP电容

（1）结构与封装。

①结构：片式电容通体一色，为土黄色，两端是金属可焊端（见图2–19）。片式电容器大多数是多层迭层结构，又称为片式陶瓷电容器（multilayer ceramic capacity，MLC）。由于片式陶瓷电容器的端电极、金属电极、介质三者的热膨胀系数不同，因此在焊接过程中升温速率不能太快，要特别注意预热，否则，易造成片式电容的损坏。

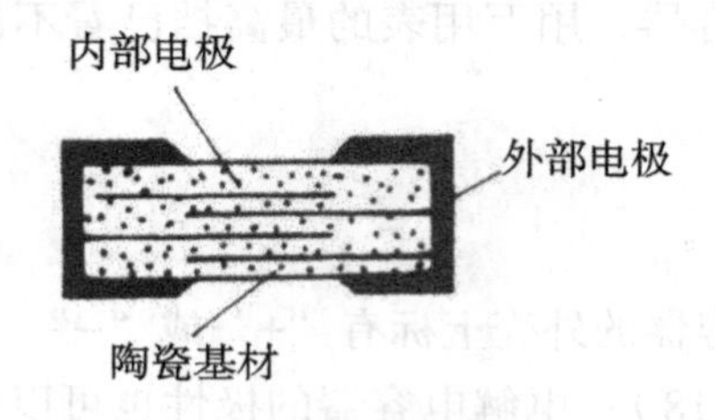

图2–19 CHIP电容结构

②外形尺寸：0805、1206、1210、1812等几种、其中1206最常用。

（2）参数识别。

①从元件表面识别。对大尺寸CHIP电容，标称值直接标记在电阻体上，可从元件表面识别。

识别规律：DDMT　单位：pF

例2–14：101 J → 10×10^1 pF ± 5%

②从包装标注识别。一般片式电容器的容量和误差标记在外包装上。

例2–15：

1206	NPO	103	J	2T
型号： 05：0805	温度特性	电容量	误差 J：±5%	耐压

包装：片式电容器的包装形式与片式电阻相同，以编带为主。

2. 钽电容

（1）结构与封装。钽电解电容器简称钽电容。单位体积容量大，在容量超过0.33 μF都采用钽电容。由于其电解质响应速度快，因此在需要高速工作的大规模集成电路中应用较多，如图 2-20 所示。

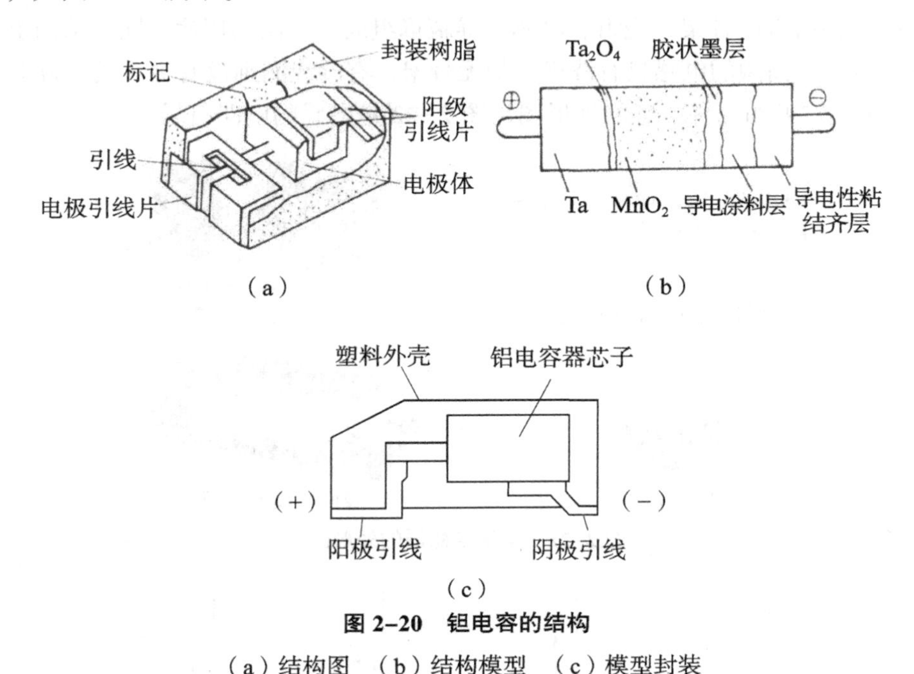

图 2-20　钽电容的结构

（a）结构图　（b）结构模型　（c）模型封装

钽电容是一种有极性的电容器，有斜坡的一端是正极，在使用时不能接反。

（2）参数识别。电容值一般直接标在电容器的表面，通常采用代码标记。

例 2-16：钽电容 336 K /16 V →容量为 33 μF，耐压为 16 V。

2.3　电感器

凡能产生电感作用的元件统称为电感器。通常电感都是由线圈构成，在电子装配中有各种各样的电感和变压器。电感线圈有阻碍交流通过、导通直流的作用。在交流电路中做阻流、滤波、选频、退耦合等用。

2.3.1　电感器的类型与主要参数

1. 电感器的种类

电感线圈的种类很多，按电感的形式分，有固定电感线圈和可变线圈；按导磁体性质分，有空气芯线圈和磁芯线圈；按工作性质分，有天线线圈、振荡线圈、低频扼流圈和高频扼流圈等。按工作波段分，有中波天线、短波天线、中频振荡线圈和高频振荡线圈。电感线圈的结构通常由骨架、绕组、磁芯、屏蔽罩组成。线圈的用途不同，结构也有所不同，用于短波、超高频的电感只有绕组，却无骨架，有的线圈则没有磁芯或屏蔽罩。

图 2-21 是常见的几种电感的外形图，图 2-22 是电感的电路符号。

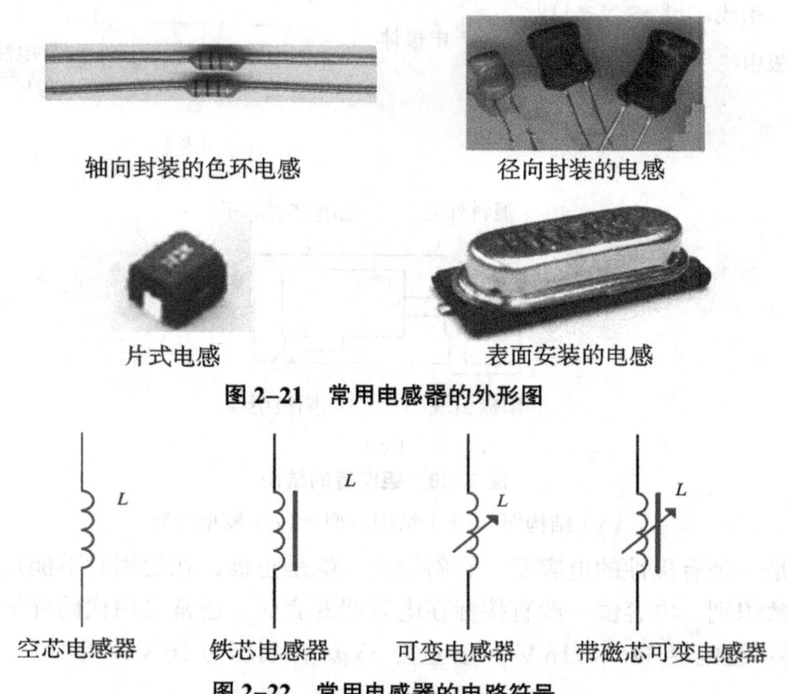

图 2-21　常用电感器的外形图

图 2-22　常用电感器的电路符号

2. 电感器的基本参数

（1）电感量 L。电感量表示线圈产生感应电动势大小的能力。电感器的感抗 X_L 与电感量 L 有关。

$X_L=2\pi fL$。

电感量的基本单位是H（亨利），常用单位有 μH（微亨）、mH（毫亨）。

换算关系：10^6 μH=10^3 mH=1 H。

（2）品质因数 Q 值。品质因数 Q 定义：$Q=X_L/r$。其中，R 是线圈的导线电阻。Q 值表示了储存能量与损耗之间的关系量。

2.3.2　通孔安装的电感器

电感量一般都标在电感器的线圈上。常见的标注方式有直标法、代码标注法和色环标注法。其中直接标注较简单，在此主要介绍后两种。

1. 代码标注法

代码标记规律：D D M ± T　单位：μH

例 2-17：某电感的标注“152 K”表示电感量的标称值为 15×10^2 μH ± 10% 。

2. 色环标注法

色环标注：色环电感容易与色环电阻相混淆。色环电感有美国的军规色环（military color band）电感和四色电感。military color band是有五色环的，电感一端有一条宽的银色色环（其宽度是其他色环的 2 倍），它只表示该元件为电感，与电感值无任何关系。其他四条色环表示电感值及其误差范围（见图 2-23）。

规律：D D M ± T　单位：μH

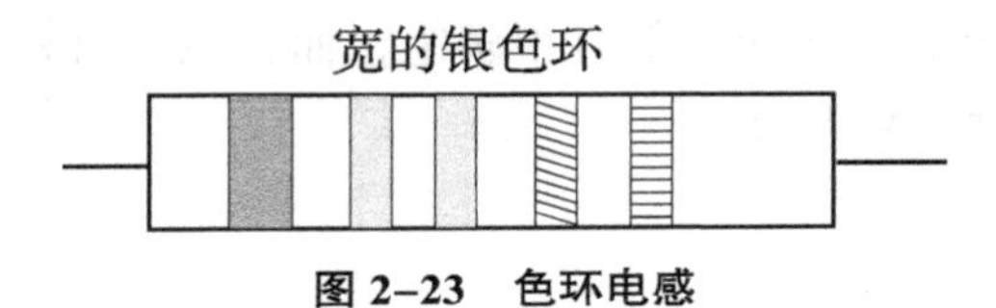

图 2-23　色环电感

四色电感无宽银色环，很容易与色环电阻相混淆，靠经验区分。

2.3.3　表面安装的电感器

形状类似SMD钽电容，无极性之分，无电压标定。

电感值以数码的形式印在元件或标签上。

读数规律：D D M ± T　单位：μH

例 2-18：303 K=30 mH ± 10%

当“R”出现在数字码中，表示一个小数点。这时没有倍数代码。

例 2-19：“2R2 ”表示电感是 2.2 μH ± 10%，“R47M”表示电感是 0.47 μH ± 20%。

2.3.4　变压器

常用变压器的功能是进行电压变换、电流变换、传递功率、阻抗匹配等。

1. 变压器的种类

变压器的种类很多，有空气芯变压器、磁芯变压器、可调磁芯变压器、铁芯变压器等。变压器按工作频率分：有低频、中频、高频之分。

2. 变压器的典型结构

变压器主要由铁芯、线包、紧固件组成，变压器的结构如图 2-24 所示。

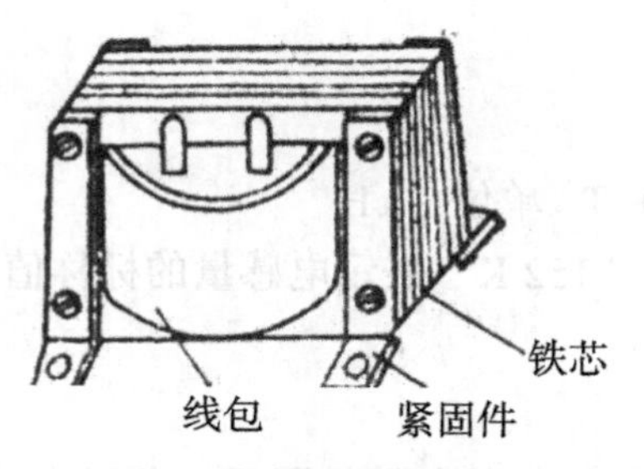

图 2-24　变压器的结构

铁芯由磁导率较高的软磁材料制成，随着工作频率的不同，铁芯的材料也不同。电源变压器的工作频率低，铁芯采用电工硅钢片；音频变压器的铁芯采用电工硅钢片或硅钢带；低电平音频变压器的铁芯采用坡莫合金或高磁铁氧体；中频和高频变压器的铁芯采用铁氧体。

线包由骨架和线圈组成。线圈一般有很多组，而且至少有初级绕组线圈和次级绕组线圈，在安装时必须注意安装方向。

2.4　二极管

2.4.1　二极管的种类与主要参数

1. 二极管的种类与封装

二极管是一种具有单向导电特性和非线性伏安特性的半导体器件。根据用途可分为检波二极管、混频二极管、开关二极管、整流二极管、稳压二极管、发光二极管等，根据材料可分有锗、硅、砷化钾二极管等。电路符号如图 2-25 所示，常见二极管的外形如图 2-26 所示。

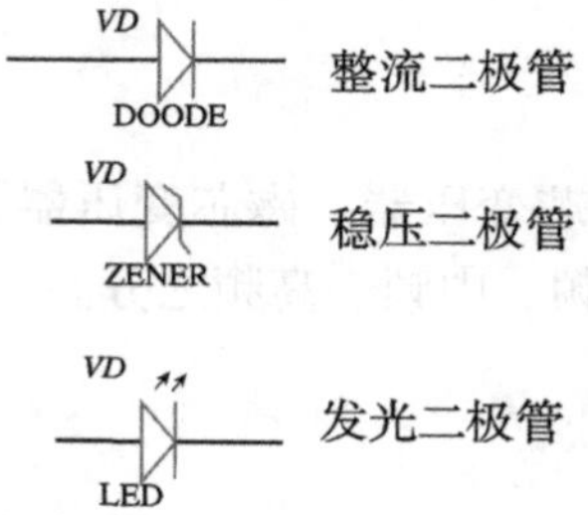

VD DOODE　整流二极管

VD ZENER　稳压二极管

VD LED　发光二极管

图 2-25　常用二极管的图形符号

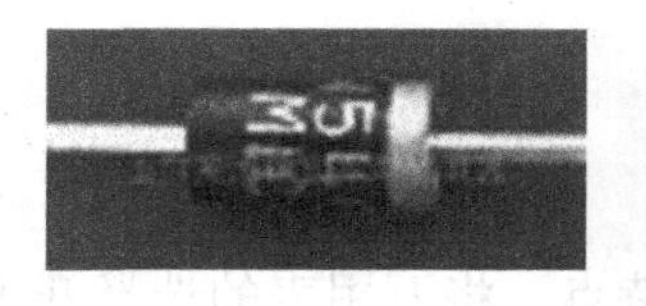

轴向封装的二极管

MLEF封装二极管

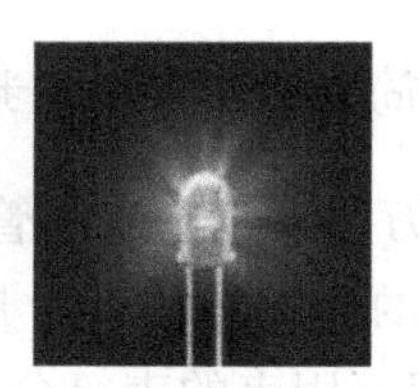

径向封装的LED

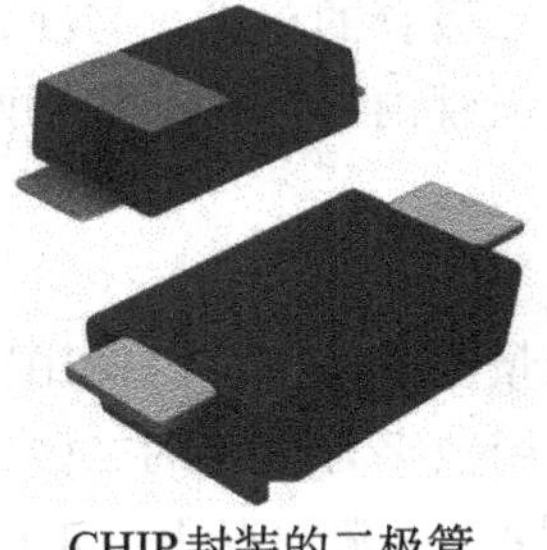

CHIP封装的二极管　　径向封装二极管

图 2–26　常用二极管的外形

特别要说明的是，所有的二极管都有极性，一个是正极，另一个负极。安装时元件的正极对准PCB中二极管位置“+”标记，二极管负极对准PCB中二极管位置“–”标记。

2. 二极管的主要参数

（1）最大整流电流。最大整流电流是二极管长期连续工作时允许通过的最大正向平均电流。在工作时，工作电流不能超过该电流，否则，将导致二极管损坏。

（2）最大反向电压。最大反向电压是指允许加在二极管上的反向电压的最大值。在工作时，加给二极管的反向电压的峰值不能超过最大反向电压，否则特性反向漏电流增加，特性变坏。通常最大反向电压为反向击穿电压的 1/3 ～ 1/2。

2.4.2　通孔安装的二极管

1. 外观识别

二极管有正、负两个电极。印有色环的一端是负极。对于发光二极管，长引脚是正极。观察内部，可以看到器件内有两个“旗子”，高的或长的那面对应的那端是负极。一般二极管的型号标在元件体上，国产的标记符号为“2C××”“2CZ××”。如 2CP9、2CZ13 等。“2”表示二极管。进口的标记符号为“1N××”。如“1N 4001”等。“1”表示仅有一个PN结。

另外还有一种三个电极的二极管，这种二极管看上去很像三极管，实际上是两个二极管。

2. 二极管的简易测试与极性判别

（1）指针式万用表判别二极管的极性。

根据二极管的正向电阻小、反向电阻大的特点，将万用表的选择开关拨到$R\times1000$或$R\times100$挡，用万用表的表笔分别与二极管的两电极相接，测量电阻值，然后将两表笔对调一下再次测量二极管的电阻。如果两次电阻值相差很大，则说明二极管是好的。在所测得电阻较小的一次，与黑表笔相联的一端即为二极管的正极，与红表笔相联是二极管的负极。如果两次测量的电阻值都小，则表明二极管内部短路，如果两次电阻值都是无穷大，则表明二极管内部击穿。

（2）用数字式万用表判别二极管的极性。

由于数字万用表的电阻挡与指针式万用表的测量原理不同，因此用数字万用表的电阻挡测不出二极管的正、反向电阻（见图 2–27）。用数字万用表的二极管挡位可测出二极管内PN结的结电压。由此可以判断二极管的极性。正常情况下，正向结电压为 0.7V 左右，反向结电压为“OL”。在测出电压是正向电压时，与红表笔相连的电极为正极，另一个电极为负极。

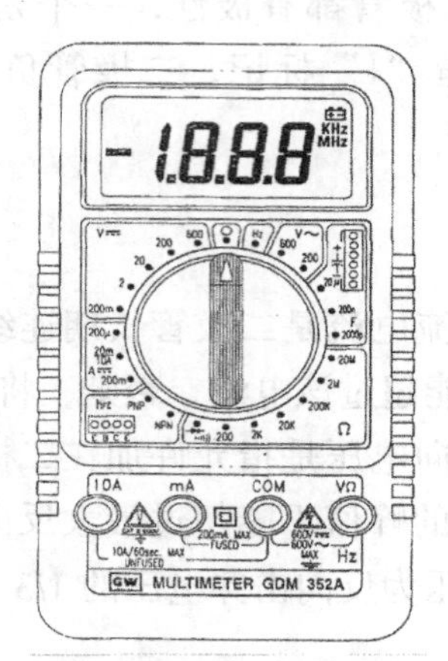

图 2–27　数字万用表的外形

如果正反向结电压都为“OL”，则二极管已断路。

如果正反向结电压都为“0”，则二极管已击穿短路。

2.4.3　表面安装的二极管

表面安装的二极管有MELF封装（金属端接头无引线）和SOT封装（小外形晶体管）两种。

MELF金属端接头封装如图 2–28 所示，色环端是元件的负极。

SOT封装有 SOT23 、SOT89 这两种外形，23，89 代表元件的尺寸。这种外形的二极管很容易与三极管混淆，必须查阅元件标签，如图 2–29 所示。

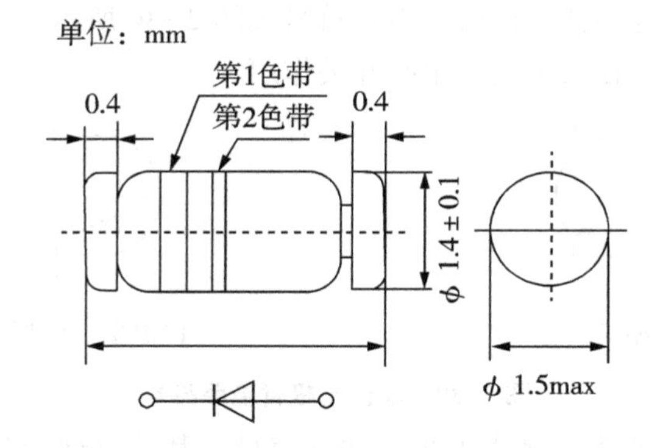

图 2-28　MELF（金属端接头无引线）封装

图 2-29　SOT（小外形晶体管）封装

2.5　半导体三极管

半导体三极管可以分为两大类：一类是结型晶体管；另一类是场效应管。

2.5.1　晶体三极管

1. 三极管的种类与主要参数

（1）三极管的种类及封装。晶体三极管由两个PN结组成，有PNP及NPN两种结构。这类晶体管工作时，半导体中的电子和空穴两种载流子同时都起主要作用，所以又叫双极性晶体管。习惯上称为晶体三极管。电路符号如图 2–30 所示。三极管在模拟电路中的基本功能是起放大作用，在数字电路中起开关作用。

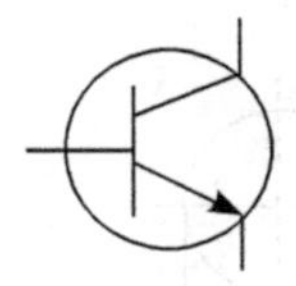
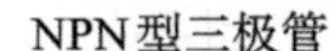

NPN型三极管

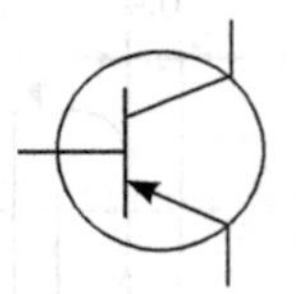

PNP型三极管

图 2–30　晶体三极管电路符号

按工作频率、开关速度、噪声电平、功率容量、其他电性能分，三极管可以分为低频大功率、低频小功率、高频小功率、高频大功率、微波低噪声、微波大功率、超高速开关管等。按组装方式可分为通孔安装的三极管和表面安装三极管。图 2–31 是通孔安装三极管的外形图。小功率的三极管的外形小，多采用塑料封装。功率三极管的外形较大，采用金属外壳便于散热，用于功率放大或电源电路中。

径向封装三极管

径向封装大功率三极管

SOT封装二极管

图 2–31　常见通孔安装三极管外形

（2）主要参数。

①电流放大系数 β 和 h_{FE}。β 是三极管的交流放大系数，表示三极管对交流电流的放大能力。h_{FE} 是三极管的直流电流放大系数。两者虽然定义不同，但 h_{FE} 容易测（很多万用表上有 h_{FE} 挡），h_{FE} 大，β 也大。一般用 h_{FE} 来估计 β 的大小。

②集电极最大允许电流 I_{CM}。I_C 值大时，若再增加电流，β 值就要下降，I_{CM} 是 β 下降到额定值 2/3 时的集电极电流。

③集电极最大允许功耗 P_{CM}。这个参数决定了管子的温升，硅管的最高使用温度为 150℃，锗管的最高使用温度为 70℃，超过这个值，管子很容易损坏。

④特征频率 f_T。晶体管工作频率超过一定的值时，β 值开始下降，当 β=1 时，所对应的频率叫特征频率。

（3）三极管的型号。国产三极管的命名规律，如图 2–32 所示。

国外三极管元件体外标记为：2N××××　如 2N1132　2N3440 等，“2”是指两个 PN 结，表明是三极管。

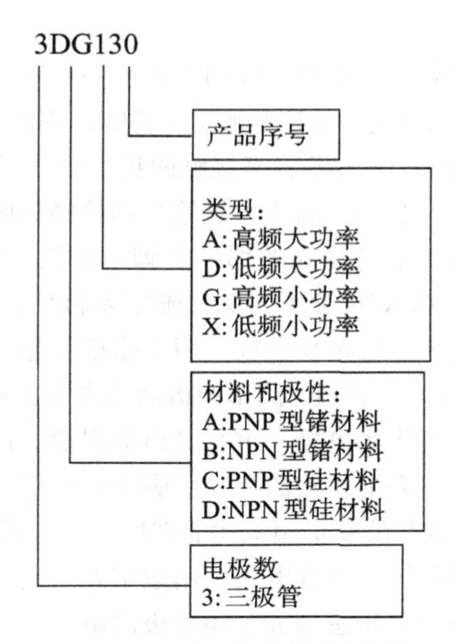

图 2-32　国产三极管的命名规律

2. 通孔安装三极管

（1）管脚识别。三极管的引脚排列多种多样，要想正确使用三极管，首先必须识别出它的 3 个电极。如图 2-33（b），管脚顺时针依次为发射极E、基极B、集电极C、接地极D。对于图 2-33（c），观察者面对管底，令管脚依次为发射极E、基极B、集电极C。对于图 2-33（d），外壳是集电极C，观察者面对管底，使C管脚位于左右两侧，上边的管脚为E，下边是B。对于图 2-33（e），观察者面对切角面，引出线向下，由左向右依次为E、B、C。对于图 2-33（f），观察者面对管子的正面，散热片为管子背面，引出线向下，由左向右依次为E、B、C。

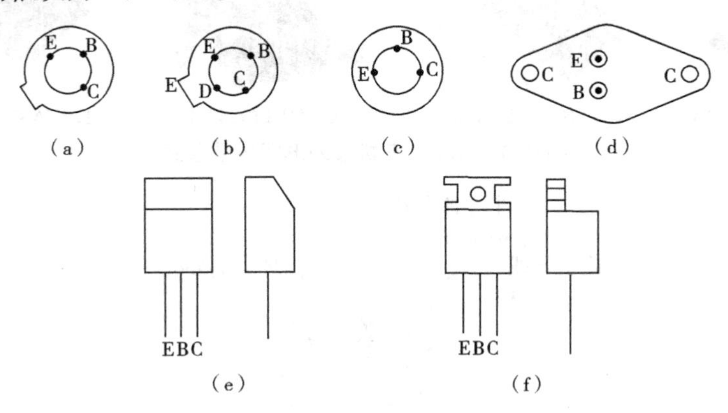

图 2-33　各种三极管

（2）用万用表判别三极管的电极。用万用表可以判别三极管的电极。其根据是NPN型管子基极到发射极和基极到集电极均为PN结正向，而PNP型管子基极到发射极和基极到集电极均为PN结反向。

①用指针式万用表判别晶体三极管极性的方法：一是判别出管子的基极。将万用表拨在$R \times 100$或$R \times 1000$挡上，用黑表笔接触某一管脚，用红表笔分别接触另两个管脚，如表笔读数很小（约几千欧），则与黑表笔接触的那一管脚是基极，同时可知此管子为NPN型。若用红表笔接触某一管脚，而用黑表笔分别接触另两个管脚，表头读数同样很小（约为几百欧）时，则与红表笔接触的那一管脚是基极，同时可知此管子为PNP型。二是判别发射极和集电极。以NPN管子为例，确定基极后，剩余的两脚中一个是集电极，另一个是发射极。假定某一极是集电极，用手指把假想的集电极和已测出的基极捏住（但不要相碰），红表笔接另一引脚，测出两极间的电阻值并记录。然后，再作相反假设，即将原来假设的发射极当作集电极，重复测出电阻值。比较两次读数的大小。以电阻小的那次测量为依据，与黑表笔相接的未知引脚是集电极，红表笔相接的未知引脚是发射极。若需要判别PNP型的晶体管仍用上述的方法，但必须把表笔的极性对调一下。

②用数字式万用表判别晶体三极管电极。用数字万用表的二极管挡可测出发射集和集电极的电压，一般发射集的电压总是大于集电极的电压，据此原理可以判别三极管的极性和种类。硅管和锗管的判别：一般硅管的PN结电压比锗管大。硅管的结电压大约在0.6V，锗管的结电压大约在0.3V。

3. 表面安装三极管的外形图

图2-34是表面安装三极管的主要封装形式。常见的封装形式有SOT23、SOT89和D形封装3种。其中SOT-23和SOT-89最常用。这两种外形都很小。型号没有印在表面上，为区别是三极管还是二极管，必须检查元件带上的标签。D形封装比较大，三极管的型号印在元件体外。常用SMT三极管外形结构如图2-35所示。

SOT-23 封装外形

SOT-89 封装外形

SC-59 封装外形

D-PAK 封装外形

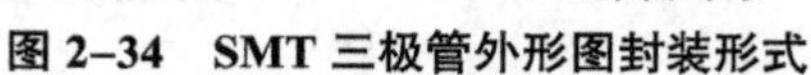

图2-34　SMT三极管外形图封装形式

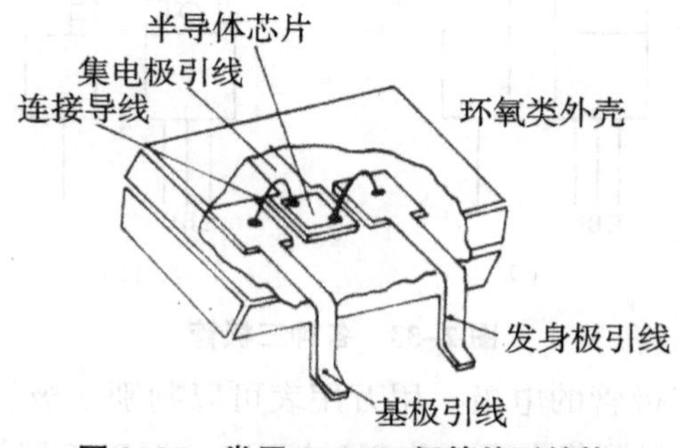

图2-35　常用SMT三极管外形结构

2.5.2　场效应管

场效应管也是一种具有PN结的半导体器件，它利用电场的效应来控制电流。场效应管有三个电极，分别是栅极G、源极S和漏极D。它具有输入阻抗高、噪声低、动态范围大的特点，是构成集成电路的基本单元元件。场效应管集成电路具有功耗低、成本低的特点，易做成大规模集成电路。根据导电沟道形成的原理和对其控制的方式不同，场效应管可分为结型和绝缘栅型两大类，而绝缘栅型又可分为增强型和耗尽型两种。

增强型与耗尽型的区别在于：增强型需要加一定的V_{GS}才会产生漏极电流I_D；耗尽型是当V_{GS}为零时就有较大的I_D。

场效应管的G极容易积累静电而损坏，因此在组装、焊接时，必须严格执行ESD防护的各项措施。

场效应三极管电路符号如图 2-36 所示。

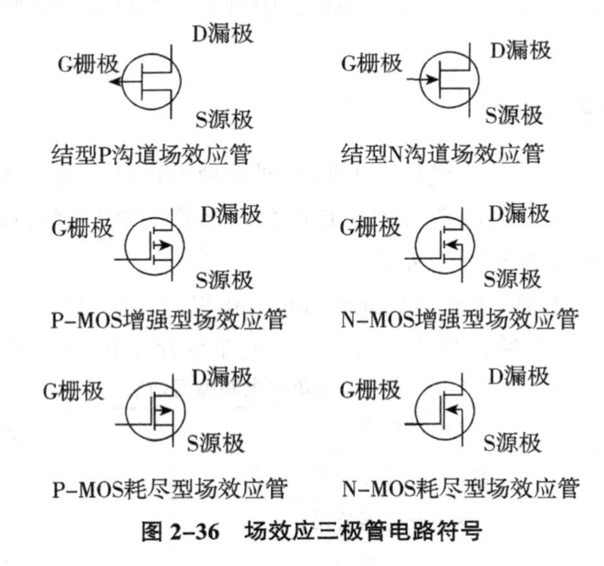

图 2-36　场效应三极管电路符号

2.6　集成电路

集成电路（integrated circuit，IC）是把完成特定功能的电阻、电容、二极管、三极管及其互连布线一起制作在一块半导体基片上，形成结构上紧密联系具有特定功能的整体电路。集成电路与分立元件电路相比，大大减小了电路的体积、重量、引出线和焊点数目，提高了电路性能和可靠性。电子设备的小型化、微型化、高可靠性，很大程度上归功于集成电路的应用。

2.6.1 集成电路的种类

1. 集成电路的种类

（1）按功能分，如图 2-37 所示。

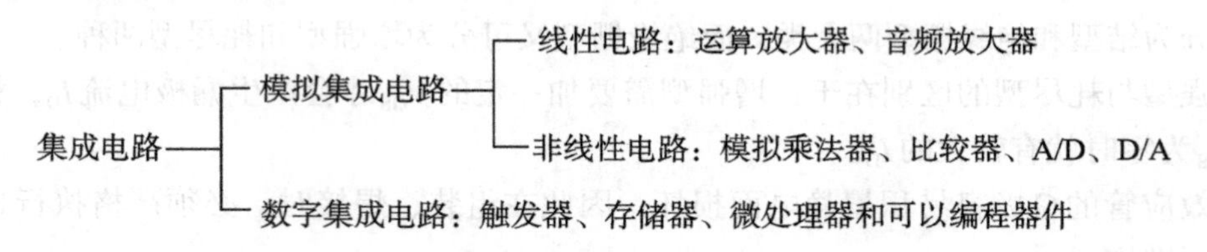

图 2-37 集成电路分类

（2）按集成度分，可分为小规模（SSI）、中规模（MSI）、大规模（LSI）和超大规模（VLSI）集成电路。

2. 集成电路的型号与命名

集成电路的型号包含：公司代号、电路系列或种类代号、电路序号、封装形式、温度范围等。一般情况下，很多制造公司用自己公司名称的缩写字母放到开头。常见国外公司的集成电路型号前缀如表 2-7 所示。

IC的封装方式分为PTH（Pin Through Hole）和SMT 两大类。不同功能的集成电路，有不同的电路序号。集成电路的功能非常多，在此主要介绍IC的封装知识。

表 2-7 国外公司集成电路型号前缀

产品型号前缀	生产厂家	产品举例
AD	美国模拟器件公司	AD7118
AN	日本松下电器公司	AN5179
CXA	日本索尼公司	CXA1191A
HA	日本日立公司	HA1361
KA	韩国三星公司	KA2101
LA	日本三洋公司	LA7830
LM	美国国家半导体公司	LM324
MC	美国摩托罗拉半导体公司	MC13007
TA TB	日本东芝公司	TA7698 TB1238
TDA	荷兰飞利浦公司	TDA8361
μPC	日本电气公司	μPC1366

2.6.2　集成电路的封装与引脚识别

1. 通孔安装的封装与引脚识别

PTH IC 有塑料封装和陶瓷封装。最常用的是DIP封装，其次是SIP封装。另外还有PGA封装。常见PTH集成电路的封装形式如图 2−38 所示。

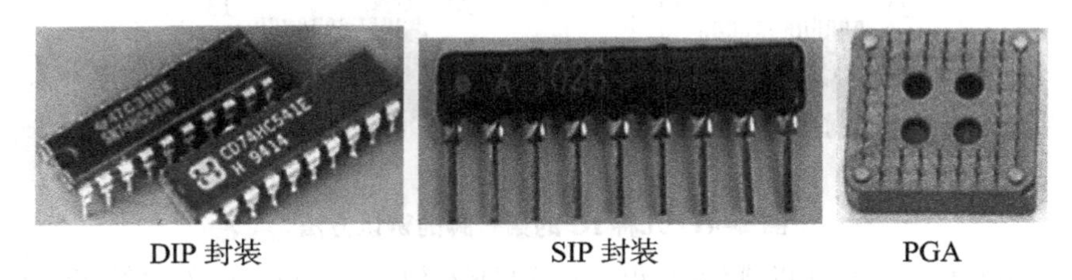

图 2−38　PTH 集成电路的 SIP、DIP、PGA 封装形式

DIP的引脚数目有 8，14，16，20，22，24，28，32，40，48 等。DIP的引脚间距一般为 100（mil）=2.54（mm），管脚排列如图 2−39 所示。

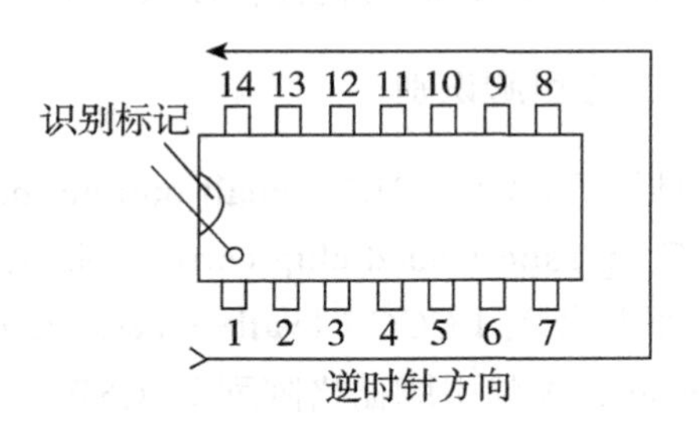

图 2−39　塑料 DIP 封装 IC 的管脚排列

SIP封装IC的引脚间距也为 100（mil）=2.54（mm），排列方向如图 2−40 所示。

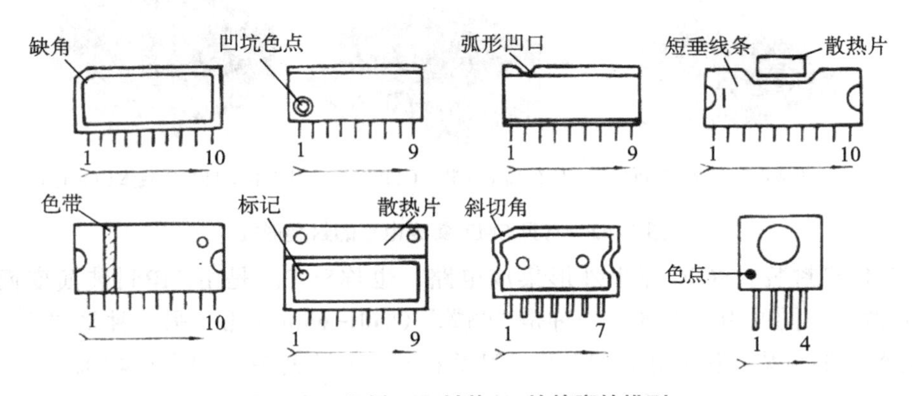

图 2−40　塑料 SIP 封装 IC 的管脚的排列

所有的IC都有方向性，元件的引脚 1 一定会以某种方式清楚地标出，例如，DIP封装IC引脚 1 在元件体上用小黑点“·”或切角标记。其余引脚 2，3，4，5，6…按顺时针方向排列。

IC第一脚的辨认方法如图 2-41 所示。

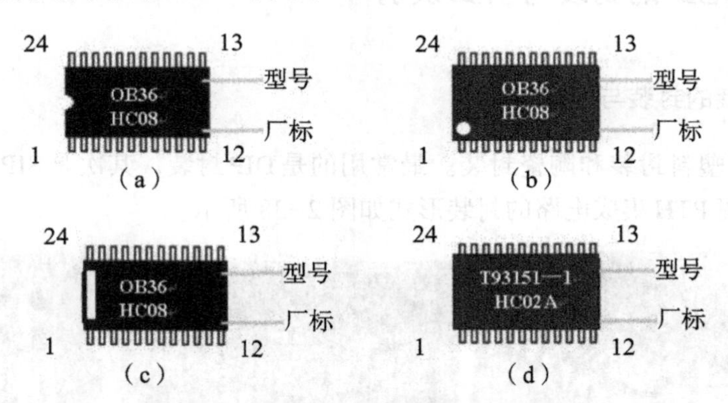

图 2-41　几种 IC 的第一脚的辨认方法

(a) IC 有缺口标志　(b) 以圆点做标识　(c) 以横杠做标识　(d) 以文字做标识（正看 IC 下排引脚在左边第一个脚为"1"）

在安装时要特别注意IC的极性。IC元件的引脚要插在PCB的IC焊盘图形的方焊盘孔中，否则PCB组件就不能正常工作，而且往往会使IC损坏。

2. 表面安装IC的封装形式与引脚识别

表面安装的集成电路的封装形式有SOIC（small outline integrated circuit package，小外形集成电路封装）、PLCC（plastic leaded chip carrier，带引线的塑料芯片载体）、QFP（quad flat package，四列扁平封装）、LCCC（leadless ceramic chip carrier，无引线陶瓷芯片载体）、BGA（ball grad array，球状引脚栅格阵列）、CSP（chip scal package，芯片级封装）等，如图 2-42 所示。

小外形集成电路封装（SOIC）　四列扁平封装（QFP）　带引线的塑料芯片载体（PICC）

图 2-42　常见 SMT 集成电路的封装形式

（1）SOIC封装。SOIC即小外形集成电路，也称SOP。是由DIP封装演变而来。这类封装有两种不同的引脚形式。一种是"鸥翼"（gull-wing）形；另一种是"J"（J-lead）形。"鸥翼"形封装简称SOL，"J"形封装简称SOJ（见表 2-8、图 2-43）。

SOL是两边"鸥翼"引脚，特点是焊接容易，工艺检测方便，但占用面积较大。

SOJ是两边"J"形引脚，特点是节省PCB面积，安装密度高。目前集成电路大多采用SOJ封装。

引脚 1 的标记用小黑点在元件体上标出。

表 2-8　SOIC 封装的引脚间距和对应引脚数目

引脚间距 /mil	引脚数目 / 个	引脚间距 /mil	引脚数目 / 个
50	8 ～ 28	30	40 ～ 56
40	32	—	—

SOJ（“丁”形封装）

SOL（“鸥翼”形封装）

图 2-43　SOJ 和 SOL 的 IC 封装形式

SOIC封装视外形、间距大小有塑料编带包装、黏接式包装和托盘式包装。

（2）QFP封装。QFP属于四边引脚的小外形IC。QFP是四边“鸥翼”形引脚的IC。QFP由于引线多，接触面积大，具有较高的焊接强度，但在运输、储存和安装中易折弯和损坏引线，使引线的共面度发生改变，影响器件的共面焊接，因此在运输、储存和安装中，要特别细心对引线进行保护。QFP有日本式的和美国式的两种封装，如图 2-44、图 2-45 所示。美国式的QFP器件四角都有一个突出的角，以此来保护引脚。

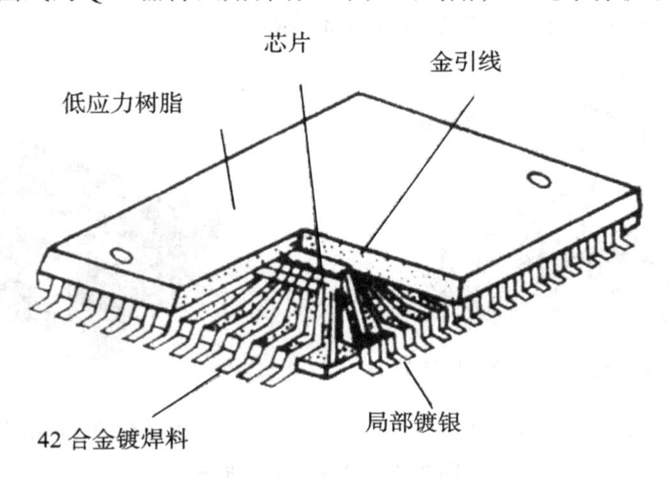

图 2-44　日本式的 QFP 封装

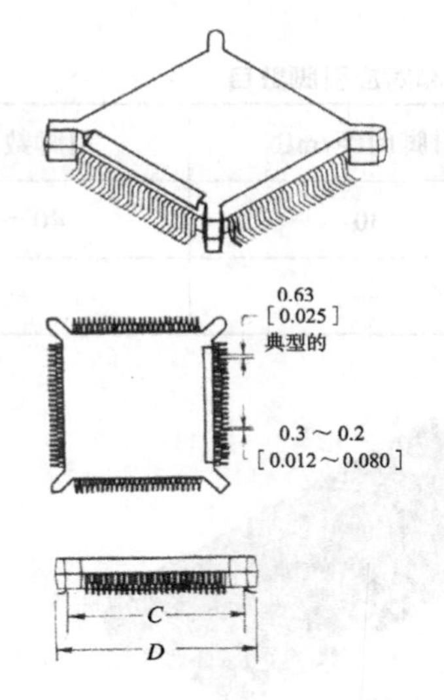

端子数	C	D
84	18.05 ～ 19.05 [0.710 ～ 0.750]	19.56 ～ 20.05 [0.770 ～ 0.790]
100	20.60 ～ 21.60 [0.810 ～ 0.850]	22.10 ～ 22.60 [0.870 ～ 0.890]
132	25.65 ～ 26.65 [1.010 ～ 1.050]	27.20 ～ 27.70 [1.070 ～ 1.090]
164	30.75 ～ 31.75 [1.210 ～ 1.250]	32.25 ～ 32.75 [1.270 ～ 1.290]
196	35.80 ～ 36.80 [1.410 ～ 1.450]	37.35 ～ 37.85 [1.470 ～ 1.490]
244	40.15 ～ 41.15 [1.580 ～ 1.620]	41.65 ～ 42.15 [1.640 ～ 1.660]

图 2–45　美国式 QFP 封装

QFP有正方形和长方形两种，引线间距有40 mil（1.0mm）、30 mil（0.8mm）、25 mil（0.65mm）、20 mil（0.5mm）等几种。

QFP封装引线数目有84、100、132、164、196、244等几种。

包装形式：日本式的QFP采用华夫式包装，美国的QFP式可以采用卷带、盘、管带包装。

（3）PLCC封装。PLCC是塑封有引线芯片载体的封装形式，这种封装比SOP更节省PCB面积，“J”形引线具有一定的弹性，可缓解安装和焊接的应力，防止焊点断裂，但这种封装焊在PCB上，检测焊点比较困难。正方形的引线数有20 ～ 84条，矩形的引线数有18 ～ 32条。PLCC的封装形式如图2–46所示。

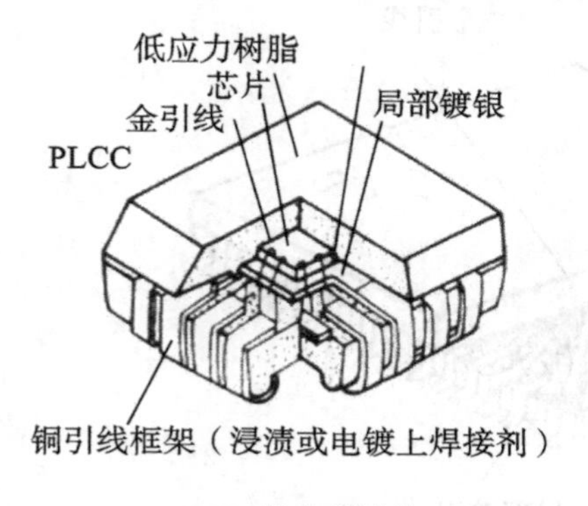

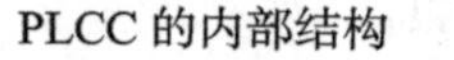

PLCC的内部结构

PLCC的外形结构

图 2–46　PLCC 封装形式

（4）BGA封装。BGA是20世纪90年代出现的一种新型封装形式（见图2–47）。BGA的引脚成球形阵列分布在封装的底面，因此它可以有较多的引脚数量且间距较大。通常BGA的安装高度低，引脚间距大，引脚的共面性好，这些都极大地改善了组装的工艺性。由于它的引脚更短，组装密度更高，特别适合在高频电路中使用。BGA的分布如图 2-48 所示，BGA在具有上述优点的同时，也存在下列的问题：焊后检查和维修比较困难，必须使用X射线检测才能确保焊接的可靠性。易吸潮，使用前应经过烘干处理。

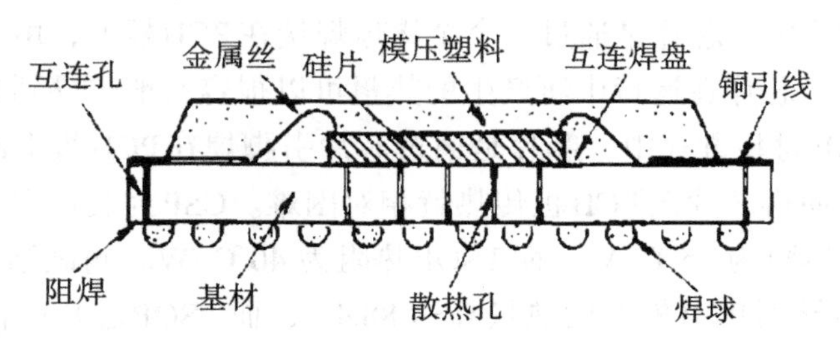

图 2-47　BGA 内部结构

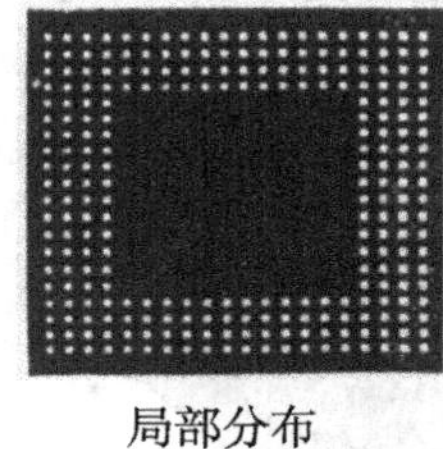

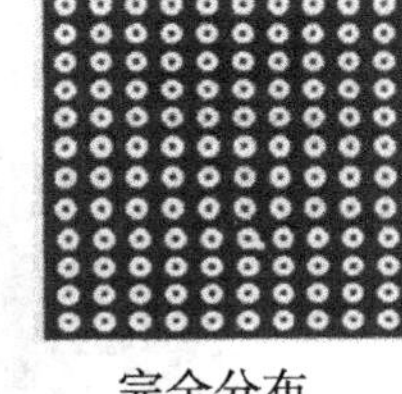

局部分布　　完全分布

图 2-48　BGA 局部分布与完全分布

焊球的尺寸为 0.75 ～ 0.89 mm，焊球间距有 40 mil（1.0mm）、50 mil（1.3mm）、60 mil（1.5mm）几种。目前的引脚数目在 169 ～ 313 个之间。

BGA封装又可详分为五大类：①PBGA（plasric BGA）基板：一般为 2 ～ 4 层有机材料构成的多层板。②CBGA（ceramic BGA）基板：陶瓷基板，芯片与基板间的电气连接通常采用倒装芯片（FlipChip，FC）的安装方式。③FCBGA（FilpChipBGA）基板：硬质多层基板。④TBGA（tapeBGA）基板：基板为带状软质的 1 ～ 2 层PCB电路板。⑤CDPBGA（carity down PBGA）基板：指封装中央有方型低陷的芯片区（又称空腔区）。

（5）CSP封装。CSP芯片级封装，是新一代的芯片封装技术。

CSP封装可以让芯片面积与封装面积之比超过 1 ： 1.14，已经相当接近 1 ： 1 的理想情况，绝对尺寸也仅有 322 mm，约为BGA的 1/3，仅仅相当于TSOP面积的 1/6。这样在相同封装尺寸时可有更多的I/O数，使组装密度进一步提高，可以说CSP是缩小版的BGA。CSP的封装结构图如图 2-49 所示。

CSP封装芯片不但体积小，同时也更薄，其金属基板到散热体的最有效散热路径仅有 0.2 mm，大大提高了芯片在长时间运行后的可靠性，线路阻抗显著减小，芯片速度也随之得到大幅度的提高。

CSP封装的电气性能和可靠性也比BGA、TSOP有相当大的提高。在相同的芯片面积下CSP所能达到的引脚数明显要比TSOP（薄形小外形封装）、BGA引脚数多得多（TSOP最多 304 根，BGA以 600 根为限，CSP原则上可以有 1000 根），这样它可支持I/O

端口的数目就增加了很多。

CSP封装芯片的中心引脚形式有效地缩短了信号的传导距离，衰减随之减少，芯片的抗干扰、抗噪性能也得到大幅提升，这也使得CSP的存取时间比BGA改善15%～20%。

在CSP封装方式中，芯片是通过一个个锡球焊接在PCB板上，由于焊点和PCB板的接触面积较大，所以芯片在运行中所产生的热量可以很容易地传导到PCB板上并散发出去；而传统的TSOP封装方式中，芯片是通过芯片引脚焊在PCB板上的，焊点和PCB板的接触面积较小，使得芯片向PCB板传热就相对困难。CSP封装可以从背面散热，且热效率良好，CSP的热阻为35℃/W，而TSOP热阻为40℃/W。测试结果显示，运用CSP封装的芯片可使传导到PCB板上的热量高达88.4%，而TSOP芯片中传导到PCB板上的热量为71.3%。另外，由于CSP芯片结构紧凑，电路冗余度低，因此它也省去了很多不必要的电功率消耗，芯片耗电量和工作温度相对降低。

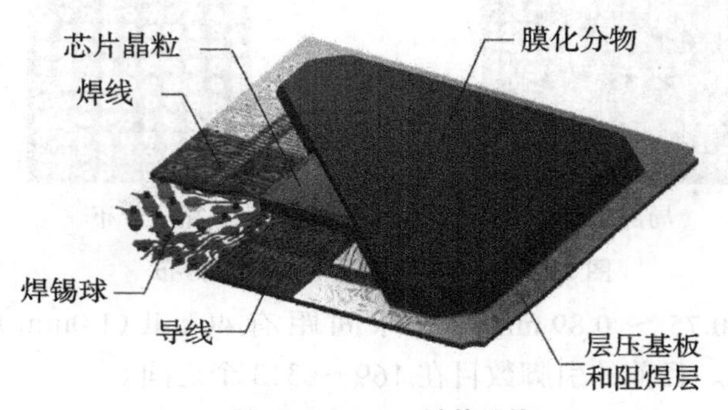

图2-49　CSP封装结构

（6）裸芯片封装。这种芯片载体没有引脚。相反，它具有镀金的沟槽形式的端头，称之为城堡（castellation），这种城堡提供的信号路径较短，因而感性和容性损耗较小。可以工作在较高的频率上.无引脚芯片载体减小了信号的引线电阻，降低了功耗。

裸芯片技术主要有两种形式：一种是板上芯片（chip on board，COB）技术；另一种是倒装片（flip chip）技术。板上芯片封装是指半导体芯片交接贴装在印刷线路板上，芯片与基板的电气连接用引线缝合方法实现，并用树脂覆盖以确保可靠性。

实训2　电子元器件的识别与简易测试

目的：认识常见电子元器件的封装与极性；学会用万用表对电子元件的极性和好坏做出判断。

设备与器材：数字万用表、SIPIVT-E型PTH实训板、SIPIVT-E型SMD实训板各一块。

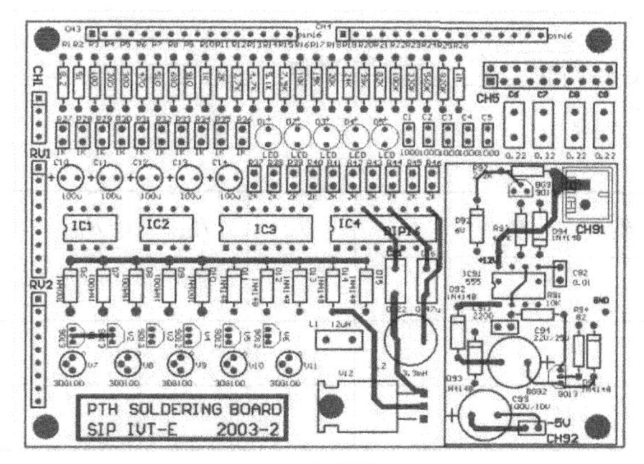

PTH实训板

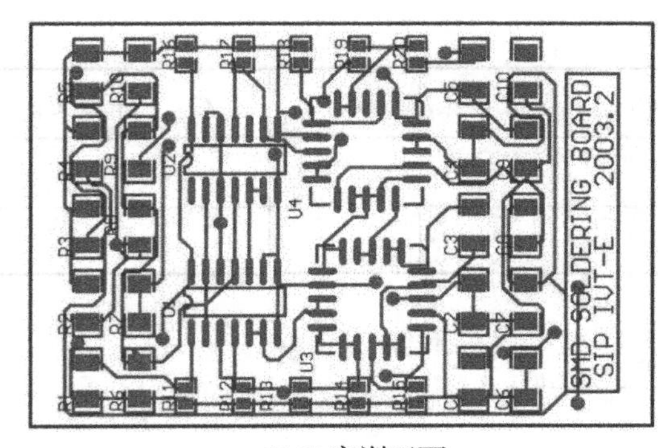

SMD实训正面

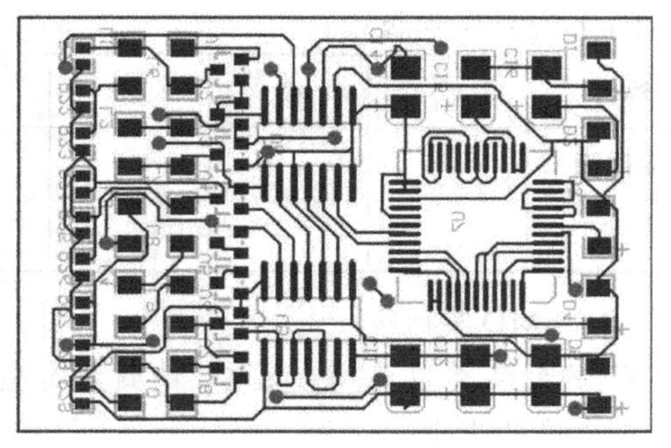

SMD实训反面

内容:

1.色环电阻的识读

（1）四色环电阻：PTH实训板

标号	R_1	R_2	R_3	R_4	R_5	R_6	R_7	R_8	R_9	R_{10}
标称值										
实测值										
标号	R_{11}	R_{12}	R_{13}	R_{14}	R_{15}	R_{16}	R_{17}	R_{18}	R_{19}	R_{20}
标称值										
实测值										

（2）五色环电阻：PTH实训板

标号	R_{21}	R_{22}	R_{23}	R_{24}	R_{25}	R_{26}	R_{27}	R_{28}	R_{29}	R_{30}
标称值										
实测值										

2. 排电阻的识别

PTH实训板，RV1标称值________，实测值________。

3.CHIP电阻的识别

SMD实训板

标号	R_1	R_2	R_3	R_4	R_5	R_{11}	R_{12}	R_{13}	R_{14}	R_{15}
标称值										
实测值										
封装										

4. 电容器参数的识别

（1）PTH实训板

标号	C_1	C_2	C_6	C_7	C_{10}	C_{11}	C_{15}	C_{16}
标称值								
介质								

（2）SMD实训板

C_1的封装类型_______，C_{11}的封装类型_______。

5. 电感的识别

PTH实训模板

L_1的标称值_____，L_1的直流电阻_____。L_2的标称值_____，L_2的直流电阻_____。

6. 二极管的简易测试

PTH实训板

标号	VD_1	VD_6	VD_{11}	VD_{92}
正向结电压				
反向结电压				
结论（好/坏）				

7. 三极管的简易测试

PTH实训板

标号	VT_1	VT_3	VT_7	VT_{12}
发射结电压				
集电结电压				
结论（好/坏）				

8. IC 的识别

PTH 实训模板（IC_1—IC_4）、SMD 实训模板（U_1、U_3、U_6、U_7）

标号	IC_1	IC_2	IC_3	IC_4	U_1	U_3	U_6	U_7
封装类型								
引脚间距								

习　题

（1）写出下列标示元件的标称值和精度。

四色环PTH电阻色环：　橙　白　棕　金

五色环PTH电阻色环：　紫　绿　黑　银　棕

精密电阻标注：RN55 3001 F　　薄膜电容的标注：102 M

CHIP 电阻标记：182　　CHIP 电阻标记：1101

CHIP 电阻标记：49 R8　　瓷片电容标记：302± 1%

钽电容标记：106 K　　电感器标记：152 K

（2）什么是DIP、SIP、CHIP、MELF？比较这些封装形式的区别？

（3）如何用数字万用表判断三极管的三个电极（PNP)?

（4）如何用指针式万用表判断三极管的三个电极（NPN)?

（5）什么是SMC、SMD？

（6）什么是SOL、SOJ、PLCC、QFP、BGA？比较这些封装形式的差别。

单元3　焊接原理与手工焊接

本单元主要包括锡铅焊接的机理、焊料和焊剂的选用、手工焊接技术、IPC标准简介等内容，并安排了手工焊接实训项目。

焊接是电子产品组装过程中的重要工艺。焊接质量的好坏直接影响电子电路及电子装置的工作性能。优良的焊接质量可为电路提供良好的稳定性、可靠性，不良的焊接方法会导致元器件损坏，给测试带来很大困难，有时还会留下隐患，影响电子设备的可靠性。随着电子产品复杂程度的提高，使用的元器件越来越多，有些电子产品（尤其是有些大型电子设备）要使用数千个元器件，焊点数量则有成千上万个，而任何一个不良焊点都会影响整个产品的可靠性。焊接质量对保证电子产品质量来说是至关重要的。因此，熟练掌握焊接操作技能对于在生产一线的技术人员是十分重要的。

学习目标

1. 理论部分

◇掌握焊接的机理；

◇掌握焊料、焊剂的选择；

◇掌握正确的焊接方法。

2. 实训部分

◇通过练习，基本掌握焊接要领。

3.1　锡铅焊接机理

3.1.1　锡焊分类及特点

焊接一般分三大类：熔焊、接触焊和钎焊。

1. 熔焊

熔焊是指在焊接过程中，将焊件接头加热至熔化状态，在不外加压力的情况下完成焊接的方法。如电弧焊、气焊等。

2. 接触焊

在焊接过程中，必须对焊件施加压力（加热或不加热）完成焊接的方法。如超声波焊、脉冲焊、摩擦焊等。

3. 钎焊

钎焊采用比被焊件熔点低的金属材料做焊料，将焊件和焊料加热到高于焊料的熔点而低于被焊物的熔点的温度，利用液态焊料润湿被焊物并与被焊物相互扩散而实现连接。

钎焊根据使用焊料熔点的不同又可分为硬钎焊和软钎焊。使用焊料的熔点高于 450℃的焊接称为硬钎焊；使用焊料的熔点低于 450℃的焊接称为软钎焊。电子产品安装工艺中所谓的“焊接”就是软钎焊的一种，主要使用锡、铅等低熔点合金材料做焊料，因此俗称“锡焊”。

3.1.2　焊接过程中的润湿

电子线路的焊接看似简单，但究其微观机理则是非常复杂的，它涉及物理、化学、材料学、电学等相关知识。熟悉有关焊接的基础理论，才能对焊接中出现的各种问题做到心中有数、应付自如，从而提高焊点的焊接质量。否则，无法目视检验焊点是否符合标准。

1. 自然界的润湿现象

液体对固体的润湿，是指液体与固体接触时，沿固体表面扩展的现象。将一滴液体放在均匀平滑的固体表面上会产生两种情况：一种是液体完全展开覆盖固体表面；另一种是液体与固体表面形成一定角度仍留在固体表面上。如图 3-1 所示，这个在固、液、气三相交界处，自固－液界面经过液体内部到气－液界面之间的夹角称为接触角。接触角的大小可以反映液体对固体表面的润湿情况。接触角越小，润湿得越好（见图 3-2）。习惯上将液体在固体表面上的接触角等于 90°时定义为润湿与否的界线。接触角大于 90° 为不润湿，接触角小于 90°则为润湿。水与洁净玻璃的接触角等于 0°，为完全润湿；水与荷叶面的接触角等于 160°，水银与玻璃面的接触角等于 138° ，所以水在荷叶面上、水银在玻璃面上都收缩成球形。

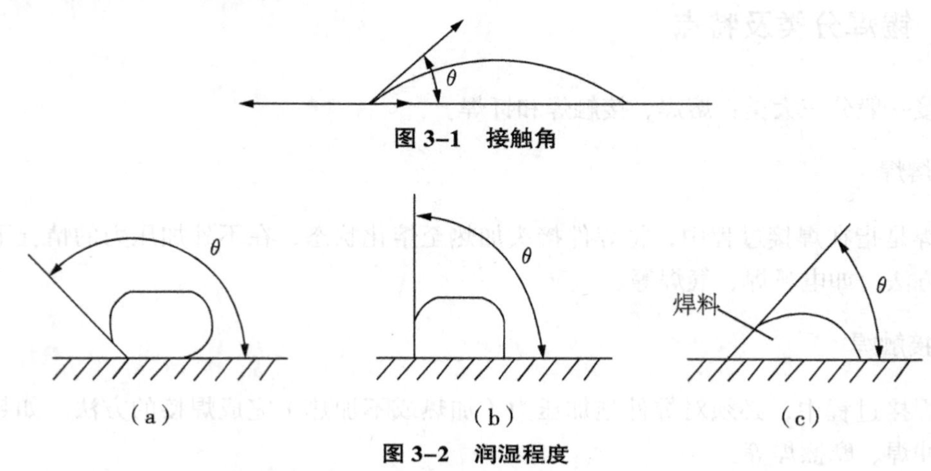

图 3-1 接触角

图 3-2 润湿程度

（a）$\theta>90°$ 不润湿 （b）$\theta=90°$ 润湿不良 （c）$\theta<90°$ 润湿良好

2. 锡铅焊接中的润湿

所谓焊接即是利用液态的焊锡[①]润湿待焊基材[②]而达到接合的效果。这种现象正如水倒在固体表面一样，不同的是焊锡会随着温度的降低而凝固成接点。当焊锡润湿基材时，理论上两者之间会以金属化学键结合而形成一种连续性的接合，但实际状况下，基材会受到空气及周边环境的侵蚀，而形成一层氧化膜来阻挡焊锡，使其无法达到较好的润湿效果。其现象正如水倒在涂满油脂的盘上，水只能聚集在部分地方，而无法全面均匀地分布在盘子上。如果我们未能将基材表面的氧化膜去除，即使勉强沾上焊锡，其结合力还是非常弱的。

3. 影响润湿的因素

（1）清洁度。一块涂有油脂的金属薄板浸到水中，没有润湿现象，此时水会成球状般的水滴，一摇即掉，因此，水并未润湿或粘在金属薄板上。

如将此金属薄板放入热清洁溶剂中加以清洗，并小心地干燥，再把它浸入水中，此

① 焊锡是指 60/40 或 63/37 的锡铅合金。

② 基材泛指被焊金属，如PCB或零件脚。

时水将完全地扩散到金属薄板的表面并形成薄且均匀的膜层，怎么摇也不会掉，它已经润湿了此金属薄板。因此，当焊锡表面和金属表面也很干净时，焊锡一样会润湿金属表面，其对清洁程度的要求远比水在金属薄板上还要高很多。因为焊锡和金属之间必须是紧密地连接，否则在它们之间会立即形成很薄的氧化层。然而，几乎所有的金属暴露在空气中都会氧化，此极薄的氧化层将妨碍金属表面上焊锡的润湿作用。

（2）表面张力。表面张力比较难理解，在此先举一个例子。我们都看过昆虫在池塘的表面行走而不润湿它的脚，那是因为有看不到的薄层或力量支持着它，这便是水的表面张力。同样的力量使水在涂有油脂的金属薄板上维持水滴状，用溶剂加以清洗会减少表面张力，水便铺满金属板了。

助焊剂在金属表面上的作用就像溶剂对涂有油脂的金属薄板一样。溶剂去除油脂，让水润湿金属表面而减少表面张力。助焊剂将去除金属和焊锡间的氧化物，可以让焊锡润湿基材。

减小表面张力有助于润湿的完成。减小表面张力的方法（以锡铅焊料为例）有：①表面张力一般会随着温度的升高而降低。即温度愈高，表面张力愈小。②焊锡中污染物会增加表面张力，因此必须小心地管制杂质就可以减小表面张力。③改善焊料合金成分，对锡铅焊料，随铅的含量增加表面张力降低。④增加活性剂可以去除焊料的表面氧化层，并有效地减小焊料的表面张力。⑤采用不同的保护气体。介质不同，焊料表面张力不同，采用氮气保护的理论依据就在于此。

（3）毛细管作用。将两片干净的金属表面合在一起后，浸入熔化的焊锡中，焊锡将润湿这两片金属表面并向上爬升，填满相近表面之间的间隙，这种现象称为毛细管作用。

假如金属表面不干净的话，便没有润湿及毛细管作用，焊锡将不会填满该焊点。

当电镀过的贯通孔的印刷线路板经过波峰锡炉时，便是毛细管作用的力量将锡灌满焊盘孔的，并不完全是锡波的压力将焊锡推进焊盘孔的。

3.1.3　焊接过程中扩散

1. 扩散的种类

伴随着熔融焊料在被焊面上润湿的同时，还存在焊料与被焊金属相互扩散。扩散有两种含义：一种是固态金属向液态焊料溶解；另一种是液态焊料向金属扩散。扩散可以分为四类：表面扩散、晶内扩散、晶界扩散和选择性扩散。

（1）表面扩散是指焊料原子沿被焊接母材表面的扩散。表面扩散与金属界面原子之间的引力有关。

（2）晶内扩散是熔融焊料向金属母材内部晶粒的扩散。

（3）晶界扩散是熔融焊料向金属母材晶界扩散。与晶内扩散相比，晶界扩散较易发生。在高温的情况下，晶界扩散和晶内扩散都比较容易发生。

（4）选择性扩散是指两种以上的金属元素组成的焊料焊接时，其中某一金属元素先扩散，其他金属根本不扩散。例如锡铅焊料焊接某一金属，焊料成分中的焊锡向母材扩散，而铅不扩散。

用锡铅焊料焊接铜件时，焊接过程中既有表面扩散，又有晶界扩散和晶内扩散。锡铅焊料中，铅只参与表面扩散，而锡原子和铜原子相互扩散，这便是不同金属性质决定的选择性扩散。

由于扩散作用，焊接过程中在两金属界面形成一层薄薄的合金层（见图 3–3）。合金层是金属层化合物（inter–metallic compound，IMC）。IMC 的性能直接决定焊点的机械性能和导电性能。

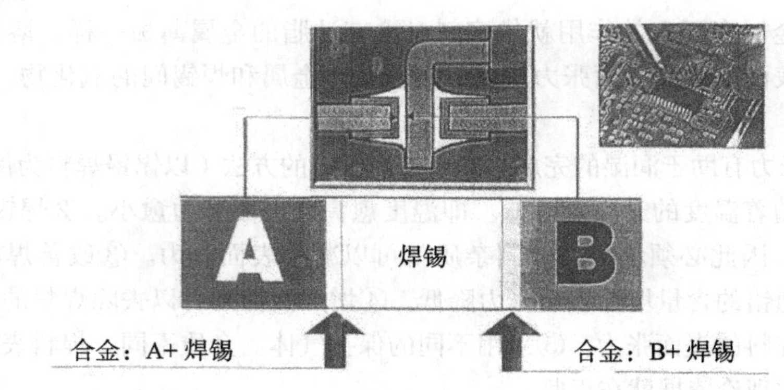

图 3–3　焊接元件的合金层示意

2. 锡铜合金层生成机理

当熔融状态的锡铅落在清洁的铜表面时，锡铅焊料润湿铜表面存在扩散现象。既有锡原子扩散到铜层中，也有铜原子扩散到锡中。在合适温度（230 ～ 250℃）的条件下只要 1 ～ 3 s 就能生成铜锡合金层，通常的合金结构是 Cu_6Sn_5，其厚度在 3 ～ 10 μm。如果温度升高，局部的 Cu_6Sn_5 转化成 Cu_3Sn，随着温度进一步升高，除生成了 Cu_6Sn_5、Cu_3Sn 这些合金外，还生成 $Cu_{31}Sn_8$ 等金属间化合物。图 3–4 所示是锡铅焊料焊接紫铜时的部分断面金属组织的放大。

若温度超过 300℃，焊接时间进一步延长，则意味着锡铅焊料中的锡不断扩散到母材中，以致只留下铅并形成一个富铅层。由图 3–4 可以看出，母材周围有 Cu_3Sn，Cu_6Sn_5 等构成的合金层，如果合金层外侧是富铅层的话，则铅与铅层之间的界面非常脆弱，当受到温度循环、振动、外力等作用时即产生裂纹，这种现象称为焊料偏析裂纹。

对于不同的焊接温度和焊接时间，合金层的结构是不同的。虽然 Cu_6Sn_5 和 Cu_3Sn 两者都是锡铜合金层，但性能却有根本区别（见表 3–1）。

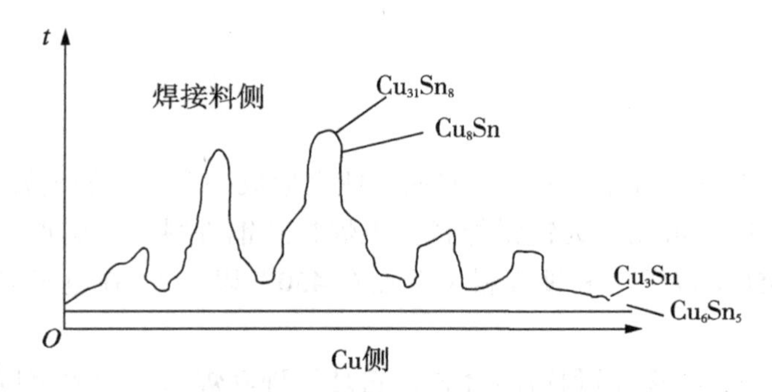

图 3–4　锡铅焊料焊接紫铜时的断面组织说明

表 3–1　Cu_6Sn_5 和 Cu_3Sn 的对比表

分子式	出现经过	位置	颜色	结晶形状	性质	控制
Cu_6Sn_5	焊料润湿到铜表面时立即生成	锡铜的界面	白色	球状	机械强度高 导电性好	温度 时间
Cu_3Sn	焊接时间长、温度高引起	介于铜层与 Cu_6Sn_5 之间	灰色	骨针装	脆性，不牢固	—

不难看出，Cu_6Sn_5 合金层有良好的机械性能和导电性能。要保证焊点质量就要确保 Cu_6Sn_5 的生成，而避免 Cu_3Sn 和其他合金层的生成。

另外，由于铜向锡液扩散，在波峰焊生产中，焊锡槽中铜含量会越来越高，当锡铅焊料中铜的含量超过 0.5% 时，它会使锡铅焊料的液体出现黏滞性和砂性，焊点容易出现桥接、虚焊、拉尖等不良现象。

波峰焊中保证焊接质量通常的做法是：

（1）严格控制焊接温度和焊接时间，特别是波峰焊的焊接温度。

（2）在焊料中添加某些稀有元素如 Ag、Sb 抑制铜的溶解速度。

（3）在波峰焊中定期抽查焊料的铜含量，当铜超过 0.4% 时，根据 Cu_3Sn 合金熔点高（Cu_6Sn_5 的熔点是 227℃）首先析出的原理，可以采用冷却法，去除 Cu_3Sn，以延长焊料的使用寿命。

3.2　焊料、助焊剂、阻焊剂

焊料和焊剂的性质和成分、作用原理及选用知识是电子组装工艺技术中的重要内容，对保证焊接质量具有决定性的影响。

3.2.1 焊料

凡是用来熔合两种或两种以上的金属面，使之形成一个整体的金属合金都称为焊料。根据其组成成分，焊料可以分为锡铅焊料、银焊料及铜焊料。按熔点，焊料又可以分为软焊料（熔点在450℃以下）和硬焊料（熔点在450℃以上）。在电子装配中常用的是锡铅焊料。

通常所说的焊锡是一种锡和铅的合金，它是一种软焊料。焊锡可以是二元合金、三元合金或四元合金。

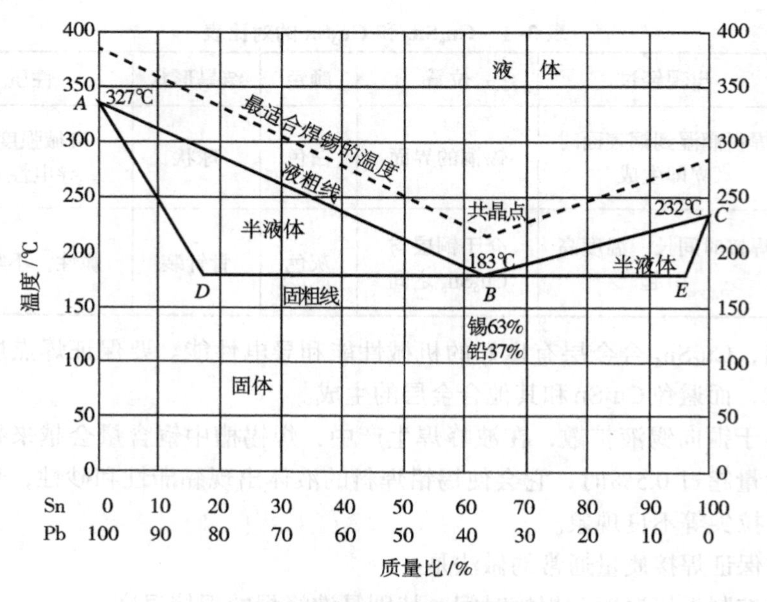

图 3-5 锡、铅合金的状态

1. 锡、铅合金状态曲线

纯锡与其他多种金属有良好的亲和力，熔化时与焊接母材金属形成化合物合金层IMC。许多元件的引脚是铜材料，这种合金层是Cu_6Sn_5，这种化合物虽然较强固，但较脆。如果用铅与锡制成锡铅合金，则既可以降低焊料的熔点，又可以增加强度。图 3-5是锡、铅合金的状态图，表示锡铅合金的熔化温度随着锡铅的含量而变化的情况。横坐标是锡铅合金质量的百分比，纵坐标是温度。从图中可以看出，纯铅（*A*点）、纯锡（*C*点）、易熔合金（*B*点）是在单一温度下熔化的。其他配比构成则是在一个温度区域内熔化的，*A*−*B*−*C*是液相线，*A*−*D*−*B*−*C*−*E*是一个固相线。两个温度区域之间的是半液体区，焊料呈稠糊状。在*B*点合金不呈半液体状态，可以由固体直接变成液体，*B*点称为共晶点。按共晶点的配比配制的合金称为共晶合金。锡铅合金焊锡的共晶点配比为锡 63%、铅 37%，这种焊锡称为共晶焊锡。熔化温度为 183℃。当锡的含量高于 63%时，熔化温度升高，强度降低。当锡的含量少于 10% 时，焊接强度差，接头变脆，焊料润滑能力变差。最理想的是共晶焊锡。在共晶温度下，焊锡由固体直接变成液体，无须经过半液体状态。共晶焊锡的熔化温度比非共晶焊锡的低，这样就减少了被焊接的元件受损坏的机会。同时由于共晶焊锡由液体直接变成固体，也减少了虚焊现象。所以共晶焊锡应用得非常广泛。

2. 焊锡合金的特性

（1）导电性能。相对于铜的导电率，锡铅合金的导电率仅是铜的 1/10，即它的导电能力比较差，与焊点的电阻与电阻率，焊点的形状、面积等多种因素有关。焊点如有空洞、深孔等缺陷，电阻就明显变大。在室温下，一般一个焊点的电阻通常在 1 ～ 10 mΩ 之间。当有大电流流过焊接部位时，就必须考虑其压降和发热。因此，对大电流通过的焊接部位，除了印制导线要加宽外，待焊物件还应该绕焊。

（2）力学性能。在实际焊接中，即使不考虑焊接过程中所产生的缺陷，如空洞和气泡等对强度的影响，焊点强度也经常出现问题。电子产品在实际工作中，焊点电阻的存在会出现发热现象，在温度循环的情况下，焊点出现蠕变和疲劳，这将极大地影响焊点的力学性能。例如温度在 20 ～ 110℃之间循环超过 2 000 次，焊料的抗剪强度仅为正常值的 1/10 ～ 1/5。此外焊点的强度还与焊点的形状、负载的方向、IMC 的厚度以及冷却的速度有关。

（3）杂质对锡焊的影响。锡焊中往往含有少量其他元素，这些元素会影响焊锡的熔点、导电性，抗拉强度等物理、机械性能：①铜（Cu）。铜的成分来源于印制电路板的焊盘和元器件的引线，并且铜的熔解速度随着焊料温度的提高而加快。随着铜的含量增加，焊料的熔点增高，黏度加大，容易产生桥接、拉尖等缺陷。一般焊料中铜的含量允许在 0.3%～ 0.5% 范围。②锑（Sb）。加入少量锑会使焊锡的机械强度增高，光泽变好，但润滑性变差，对焊接质量产生影响。③锌（Zn）。 锌是锡焊最有害的金属之一。焊料中熔进 0.001% 的锌就会对焊料的焊接质量产生影响。当熔进 0.005% 的锌时，会使焊点表面失去光泽，流动性变差。④铝（Al）。铝也是有害的金属，即使熔进 0.005% 的铝也会使焊锡出现麻点，黏接性变坏，流动性变差。⑤铋（Bi）。含铋的焊料熔点下降，当添加 10% 以上时，会使焊锡变脆，冷却时易产生龟裂。⑥铁（Fe）。铁难熔于焊料中。它使熔点升高，难于熔解。

3. 常用焊料

（1）焊锡丝。焊锡丝是手工焊接用的焊料。焊锡丝是管状的，由焊剂与焊锡制作在一起，在焊锡管中夹带固体助焊剂。焊剂一般选用特级松香为基质材料，并添加一定的活化剂，如盐酸二乙胺等。锡铅组分不同，熔点就不同。如 $Sn_{63}Pb_{37}$，熔点 183℃；$Sn_{62}Pb_{36}Ag_{2}$，熔点 179℃。常用的焊锡丝如 Multicore 公司的 $Sn_{60}Pb_{40}$，Kester 公司的 $Sn_{60}Pb_{40}$。管状焊锡丝的直径有 0.23 mm、0.4 mm、0.56 mm、0.8 mm、1.0 mm 等多种规格。焊接通孔元件可选用直径为 0.5 mm、0.6 mm 的焊锡丝。焊接SMC或 50 mil（1mil=0.0254mm）间距的元器件可选用直径为 0.4 mm、0.3 mm 的焊锡丝。焊接密间距的SMD可选用更细的如 0.2 mm 的焊锡丝。

（2）抗氧化焊锡。在锡铅合金中加入少量的活性金属，能使氧化锡、氧化铅还原，并漂浮在焊锡表面形成致密覆盖层，从而保护焊锡不被继续氧化。这类焊锡适用于浸焊和波峰焊。

（3）含银的焊锡。在锡铅焊料中添加 0.5% ～ 2.0% 的银，可减少镀银件中的银在焊料中的溶解量，并可降低焊料的熔点。

（4）焊膏。它是表面安装技术中的一种重要贴装材料。有关焊膏的内容将在第 5 单元详细介绍。

3.2.2 助焊剂

助焊剂的作用是清除金属表面氧化物、硫化物、油和其他污染物，并防止在加热过程中焊料继续氧化。同时，它还具有增强焊料与金属表面的活性、增加浸润的作用。

1. 对助焊剂的要求

（1）有清洗被焊金属和焊料表面的作用。

（2）熔点要低于所有焊料的熔点。

（3）在焊接温度下能形成液状，具有保护金属表面的作用。

（4）有较低的表面张力，受热后能迅速均匀地流动。

（5）熔化时不产生飞溅或飞沫。

（6）不产生有害气体和有强烈刺激性的气味。

（7）不导电，无腐蚀性，残留物无副作用。

（8）助焊剂的膜要光亮，致密，干燥快，不吸潮，热稳定性好。

2. 助焊剂的种类

助焊剂一般可分为有机、无机和树脂三大类。

（1）无机助焊剂。主要有盐酸、氟化氢酸、溴化氢酸、磷酸助焊剂和无机盐如氯化锌、氯化铵、氟化钠等。无机盐助焊剂的代表性产品是氯化锌和氯化胺的混合物（氯化锌 75%，氯化胺 25%）。它的熔点约为 180℃，是钎焊助焊剂。由于其具有强烈的腐蚀作用，不能在电子产品装配中使用，只能在特定场合使用，并且焊后一定要清除残渣。

（2）有机助焊剂。有机类助焊剂由有机酸、有机类卤化物以及各种胺盐树脂类等合成。这类助焊剂由于含有酸值较高的成分，因而具有较好的助焊性能，可焊性好。由于此类助焊剂具有一定程度的腐蚀性，残渣不易清洗，焊接时有废气污染，因而限制了它在电子产品装配中的使用。

（3）树脂类助焊剂。这类助焊剂在电子产品装配中应用较广，其主要成分是松香。在加热情况下，松香具有去除焊件表面氧化物的能力，同时焊接后形成的膜层具有覆盖和保护焊点不被氧化腐蚀的作用。由于松脂残渣为非腐蚀性、非导电性，非吸湿性，焊接时没有什么污染，且焊后容易清洗，成本又低，所以这类助焊剂至今还广泛使用。松香助焊剂的缺点是酸值低、软化点低（55℃左右），且易氧化，易结晶，稳定性差，在高温时很容易脱羧炭化而造成虚焊。目前出现了一种新型的助焊剂——氢化松香，我国已开始生产。它是由普通松脂提炼来的，氢化松香在常温下不易氧化变色，软化点高，脆性小，酸值稳定，无毒，无特殊气味，残渣易清洗，适用于波峰焊接。

3.2.3　阻焊剂

阻焊剂是一种耐高温的涂料。在焊接时可将不需要焊接的部位涂上阻焊剂保护起来，使焊接仅在需要焊接的焊接点上进行。阻焊剂广泛用于浸焊和波峰焊。

1. 阻焊剂的优点

（1）避免了焊锡桥连造成的短路。

（2）使焊点饱满，减少虚焊，而且有助于节约焊料。

（3）由于板面部分为阻焊剂膜所覆盖，焊接时板面受到的热冲击小，因而不易起泡、分层。

2. 阻焊剂的要求

阻焊剂是通过丝网漏印方法印制在印制板上的。因此要求它黏度适宜，不封网，不润图像，以满足漏印工艺的要求。阻焊剂应在 250 ～ 270℃的锡焊温度中经过 10 ～ 25 s 而不起泡、脱落，且与覆铜箔仍能牢固黏结。具有较好的耐溶剂化学药品性，能经受焊前的化学处理，有一定的机械强度，能承受尼龙刷的打磨抛光处理。

3. 阻焊剂的种类

按成膜方法阻焊剂可分为热固化型、紫外线光固化型及电子束漫射固化型等几种。

（1）热固化型阻焊剂。热固化型阻焊剂的成膜材料有酚醛树脂、环氧树脂、氨基树脂、醇酸树脂等。它们可以单独或混合使用，也可以改性使用。通常把它们制成液体印刷，通过丝网漏印在板上，然后加温，固化形成一层阻焊膜。

热固化阻焊剂的优点是价格便宜，黏结强度高。但这类阻焊剂需要在 130 ～ 150℃温度下经过数小时的烘烤才能固化，故生产周期长，效率低，耗电量大，不能适应自动化或半自动化生产的要求，正逐步被光固化阻焊剂所代替。

（2）紫外线光固化阻焊剂。紫外线光固化阻焊剂主要使用的成膜材料是含有不饱和双键的乙烯树脂。分干膜型和液体印料型。干膜型需经过层压贴膜，紫外线曝光，显影，然后形成一层阻焊膜；液体印料型是通过丝网模板漏印在印制板上，然后在一定能量紫外光源照射下固化，形成一层阻焊膜。

光固化阻焊剂由光固化树脂、稀释剂、光敏剂、颜料、填料等组成。光固化树脂黏度大，经稀释剂稀释后才能使用，阻焊剂的性能在很大程度上依赖于稀释剂性能。紫外光固化主要借助于加入光敏剂完成。加入填料的目的在于提高阻焊剂的硬度和机械强度，同时还可以降低成本。着色的目的是使操作人员易于分辨检查印制板焊接缺陷和保护视力，习惯上配制成绿色。

光固化阻焊剂与一般热固化型阻焊剂比较，具有如下优点：①固化时间短，适合自动化流水线生产。目前国内一般干燥固化时间为 1 ～ 3 min，国外为数秒钟。②光敏固化剂的固化不依靠溶剂挥发，因此对空气的污染较小。③由于固化时间短，可使印制电路板免受热冲击而变形翘曲。④设备简单，价格低，维护费用少，占地面积小。

3.3　手工焊接设备

电烙铁是电子组装时最常用的工具之一，用于焊接、维修及更换元器件等。电烙铁有普通电烙铁、调温式电烙铁、恒温电烙铁等几种。

3.3.1　普通电烙铁

普通的电烙铁就是电热丝式电烙铁，这种电烙铁是靠电流通过电热丝发热而加热烙铁头。普通的电热丝式电烙铁又分为内热式和外热式两种。内热式电烙铁的电热丝置于烙铁头内部，如图 3–6 所示。外热式的电热丝包在烙铁头上。

这两种烙铁结构简单，价格便宜，但烙铁头的温度不能有效控制。适合于要求不高的焊接场合。

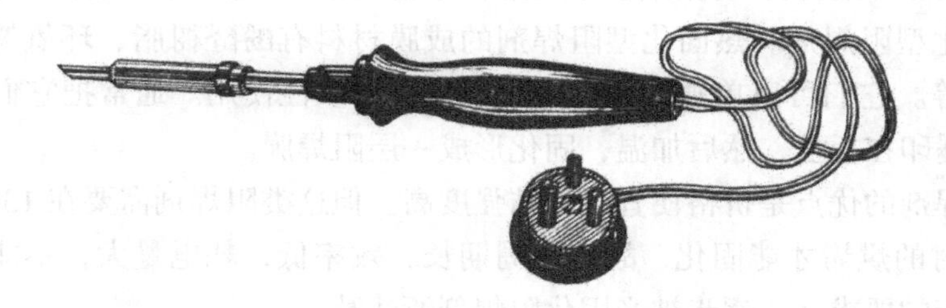

图 3–6　内热式电烙铁

3.3.2　调温电烙铁

当手工焊接SMD器件或返修SMD器件时，要求烙铁头的温度稳定，否则不但会损伤元器件，甚至还会损伤多层PCB。因此，在这种情况下应使用调温电烙铁，选用恒温电烙铁则更好。调温电烙铁有手动调温和自动调温两种。

1. 手动调温式电烙铁

实际是将烙铁接到一个可调电源上，通过改变调压器输出的交流电压的大小来调节烙铁温度。这种烙铁的温度不是很稳定。

2. 自动调温式电烙铁

这种烙铁的典型产品如日本白光公司的HAKO928。它靠温度传感器监测烙铁头的温度，并通过放大器将温度传感器输出信号放大，控制给烙铁供电的电源电压，当烙铁头的温度与设定温度相差较大时，以较大的电压加热，当烙铁头的温度与设定的温度相差较小时，以较小的电压加热。这种烙铁的特点是控温准确（控温精度为 ±10℃）。烙铁头加热体电压为低压加热（直流 12 V或 24 V电源）并符合ESD防护的要求。但升温速度慢，控温精度不太理想，如图 3-7 所示。

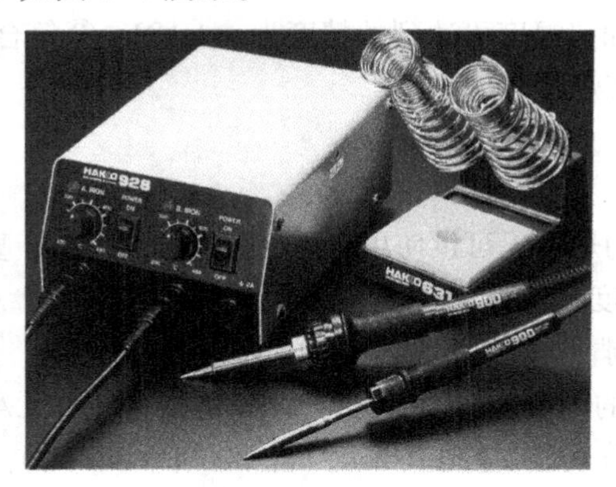

图 3-7　自动调温电烙铁

3.3.3　恒温电烙铁

所谓恒温电烙铁是指温度非常稳定的电烙铁。典型产品如美国METICA公司的产品（见图 3-8）。MS-500S这种烙铁由焊接台、烙铁头（TIP）和烙铁架三部分组成。其中焊接台是加热电源，输出低压高频电流对烙铁头加热，与普通的电烙铁有根本的区别。普通电烙铁加热区远离烙铁头并采用恒功率电阻式发热，因此烙铁头升温慢，热惯性大，操作不慎容易损坏芯片。恒温电烙铁的烙铁头由特殊材料制成，在烙铁头温度没有达到设定温度时以较大功率加热，当温度接近设定温度时，由于烙铁头本身电阻的变化，会以较小的功率加热。因此烙铁头升温迅速，温度稳定并能保证每一个操作者的电烙铁在同样的温度范围内完成焊接工作。

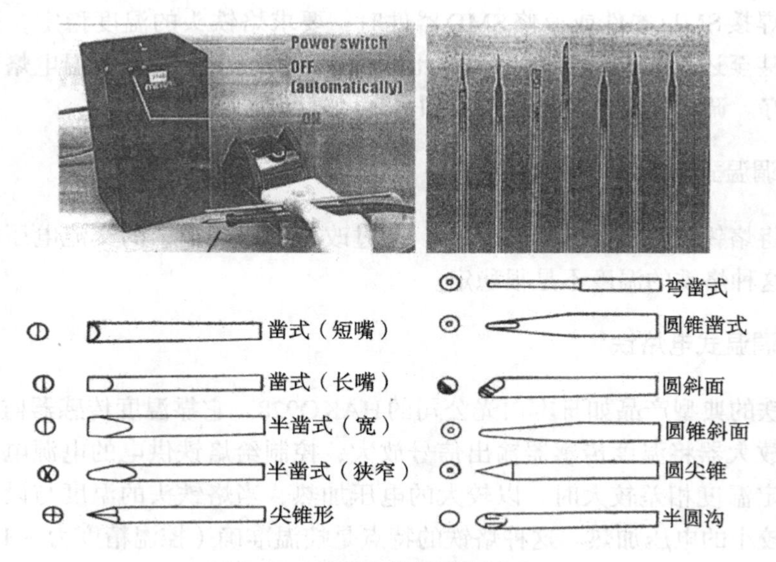

图 3-8　恒温电烙铁及烙铁头

这种烙铁的工作特点是：①升温快，烙铁头能在 4 s 内自动升温到所需的温度。②温度稳定性好，烙铁头的加热温度可达到的精度为 ±1.1℃。③符合 ESD 防护的标准，特别适合微型电子组件的手工焊接和返修。

1. 烙铁头的选择

这种烙铁有很多种的烙铁头可供使用者选用。选择烙铁头，要考虑以下因素。

（1）所需的焊接温度。焊接温度太高会损坏元件或焊盘，焊接温度太低会使预热时间延长，引起元件引脚和焊盘氧化，导致冷焊。一般情况，通孔稍大一点元件可选用 700°F 的烙铁头。小的元件可选择 600°F 的烙铁头。METICAL 公司有 4 种温度系列的烙铁头供用户选择，分别是 500°F（260℃）、600°F（316℃）、700°F（371℃）、800°F（427℃）。

（2）焊接元件的种类与元件引脚的尺寸大小。TIP 的大小应以充分接触焊点且便于传热为依据。扁的、钝的烙铁头比尖锐的头有更好的传热效果。在可能的情况下，尺寸稍大的烙铁既能改善焊接的效果，又能延长烙铁头的寿命，如图 3-9 所示。

图 3-9　TIP 的大小与元件直径的关系

焊接元件的种类与尺寸不同，所需的烙铁头型号也不同。焊接通孔元件选用STTC-137（1表示700°F，37凿形）；焊接CHIP 1206、SOT三极管、SOIC、PLCC集成电路选用STTC-047（0表示600°F，47表示60° 斜面头）；焊接CHIP 0603选用STTC-022；焊接集成电路芯片PLCC-18型，推荐选用SMTC-111型烙铁头。

2. 烙铁的维护

烙铁头价格昂贵，而且TIP的有效部分很小，如果使用不当，尖头部分磨损严重就报废了，因此日常使用过程中的维护很重要。要注意下列事项：.

（1）为防止烙铁头氧化，新的烙铁第一次使用要先上锡。每次使用完毕，关闭电源前，也要给烙铁头上锡。

（2）尽量不使用焊膏，因为焊膏含有的酸性物质会腐蚀烙铁头。要清除氧化层可以在含水海绵上擦掉。要给海绵加纯水或去离子水（因为普通的水含有离子等活性物质，易腐蚀烙铁头），水量不能太多，海绵的含水量以手轻捏不滴水为依据。要保持海绵的清洁，要经常清洗海绵，清洗海绵要用纯净水或去离子水，不能用肥皂水。

（3）更换TIP头，先要关电源，应用橡胶皮垫套在TIP头上拔下，不要用钳子等工具拔，否则会损伤烙铁头。要轻拿轻放。

（4）不要把烙铁头当作螺丝刀等工具用。焊接过程中不要用力以减少烙铁头的磨损。

3.4　手工焊接工艺

虽然电子产品广泛采用自动焊接设备（波峰焊或回流焊），但是现在还没有一种焊接方法可以完全不用手工焊接。即使在自动化程度很高的生产线上，总有一些不规则元件或不适合自动焊接的元件需要手工焊接，另一种情况是机器焊接的合格率还达不到100%，总会有些错装、漏装的元件需要修复。因此手工焊接技术仍然是一线技术人员必备的生产技能。同时手工焊接的操作技术也是理解体会其他焊接技术的基础。有人也许认为手工焊接非常容易，没有技术含量，其实不然。正确手工焊接的方法需要深入理解上述各焊接要素和通过长期的练习达到形意结合，才能保证焊接的质量。

3.4.1　焊接要素

焊接是综合的、系统的过程，焊接的质量取决于下列要素。

1. 焊接母材的可焊性

所谓可焊性，是指液态焊料与母材之间应能互相溶解，即两种原子之间要有良好的亲和力。两种不同金属互溶的程度，取决于原子半径及它们在元素周期表中的位置和晶体类型。锡铅焊料，除了含有大量铬和铝的合金的金属材料不易互溶外，与其他金属材料大都可以互溶。为了提高可焊性，一般采用表面镀锡、镀银等措施。

2. 焊接部位清洁程度

焊料和母材表面必须清洁，这里的清洁是指焊料与母材两者之间没有氧化层，更没有污染。当焊料与被焊接金属之间存在氧化物或污垢时，就会阻碍熔化的金属原子的自由扩散，就不会产生润湿作用。元件引脚或PCB焊盘氧化是产生虚焊的主要原因之一。为了避免可焊部位的氧化，一般元器件的储存期不超过半年，PCB板要密封好。

（1）助焊剂。助焊剂可破坏氧化膜、净化焊接面，使焊点光滑，明亮。电子装配中的助焊剂通常是松香。

（2）焊接温度和时间。焊锡的最佳温度为（250 ± 5）℃，最低焊接温度为240ºC。温度太低易形成冷焊点，高于260ºC易使焊点质量变差。

焊接时间：完成润湿和扩散两个过程需2～3 s，1 s仅完成润湿和扩散两个过程的35%。一般IC、三极管焊接时间小于3 s，其他元件焊接时间为4～5 s。

焊接方法：焊接方法和步骤非常关键。

3.4.2 正确的焊接方法和步骤

1. 焊接方法

焊接时利用烙铁头对元件引脚和焊盘预热，烙铁头与焊盘的平面最好成45° 夹角，等待被焊金属上升至焊接温度时，再加焊锡丝。被焊金属未经预热，而将焊锡直接加在烙铁头上，会使焊锡直接滴在焊接部位，这种焊接方法常常会导致虚焊。

2. 焊接步骤

（1）预热。让烙铁头与元件引脚、焊盘充分接触，同时预热焊盘与元件引脚。而不是仅仅预热元件，如图3−10（a）所示。

（2）加焊锡。将焊锡丝加在焊盘上（而不是仅仅加在元件引脚上），待焊盘温度上升到使焊锡丝熔化的温度，焊锡就自动熔化。不能将焊锡直接加在烙铁头上使其熔化，这样会造成冷焊，如图3−10（b）所示。

（3）焊后加热。拿开焊锡丝后，不要立即拿走烙铁，继续加热使焊锡完成润湿和扩散两个过程，直到焊点最明亮时再拿开烙铁，如图3−10（c）所示。

（4）冷却。在冷却过程中不要移动，如图 3–10（d）所示。

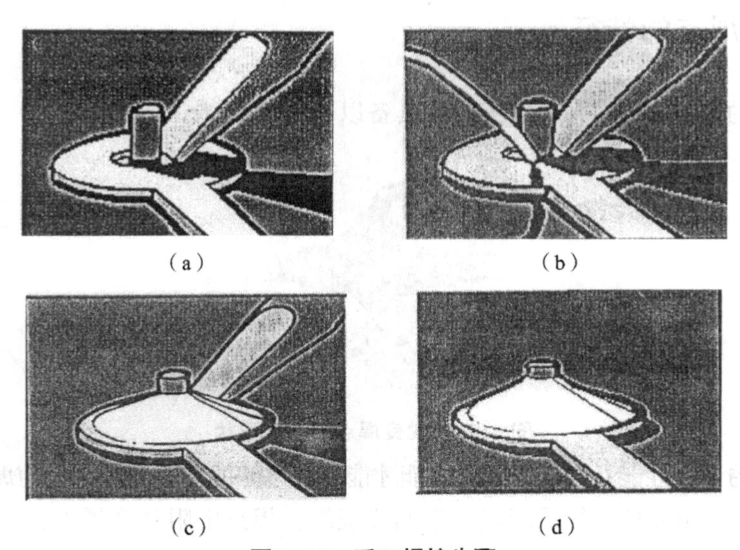

图 3–10　手工焊接步骤

（a）预热　（b）加热焊锡焊后加热　（c）焊后加热　（d）冷却

3.4.3　不正确的操作

手工焊接过程中常见的不正确操作有两种。

（1）直接把焊锡加在元件引脚上，而不是焊盘上。焊盘预热不好，易造成冷焊（见图 3–11）。

图 3–11　错误的焊接方法 1

（2）焊锡加在烙铁头上。元件引脚、焊盘没有预热，造成虚焊（见图 3–12）。

图 3–12　错误的焊接方法 2

3.4.4 优良焊点的特征

一个优良的焊点如图 3-13 所示，须具备以下的特征。

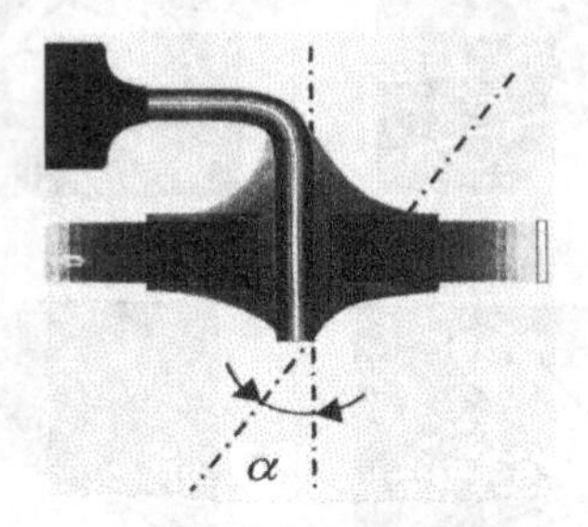

图 3-13 优良焊点的外观形状

（1）良好的导电性能：良好的导电性能才能保证电路的互连，一个好的焊点，一般要求焊点的电阻在 1 ～ 10mΩ。如果焊点有空洞或虚焊，焊点电阻就会增大，工作时，会使焊点的电压降增大，焊点发热严重，影响电路的正常工作，虚焊的焊点甚至影响电路的连通。

（2）良好的机械性能：要求焊点有一定的强度使元器件牢牢固定在PCB板上。

（3）有良好的外观：保证焊点良好的电气性能和机械性能的条件是焊锡与元件引脚、PCB焊盘形成良好的浸润。浸润良好的焊点在外观上具备如下的特点：①焊接面在外观上必须是明亮的，光滑的，内凹的。②元件的引脚和PCB板上的焊盘要形成良好的浸润。③浸润角度＜ 60°（注：润湿角是指焊料和母材的界面与焊料表面的切线间的夹角）。④焊锡量适当。焊点上焊锡过少，机械强度低。焊锡过多，会容易造成绝缘距离减小或焊点相碰。⑤不应有毛刺和空隙。这对高频、高压电子设备极为重要。高频电子设备中高压电路的焊接点，如果有毛刺则易造成尖端放电，如图 3-14 所示。

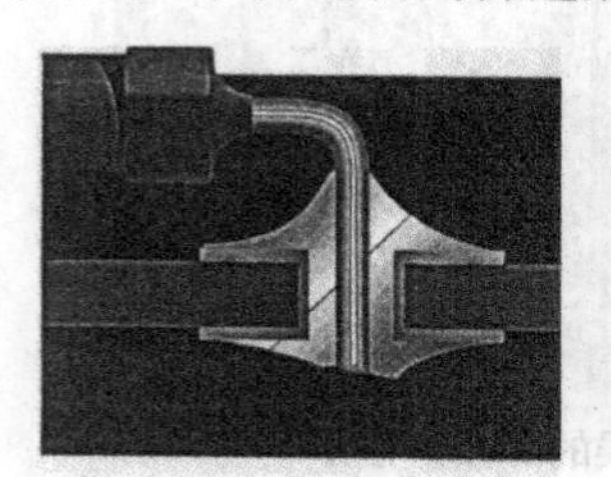

管脚被剪断在焊点内

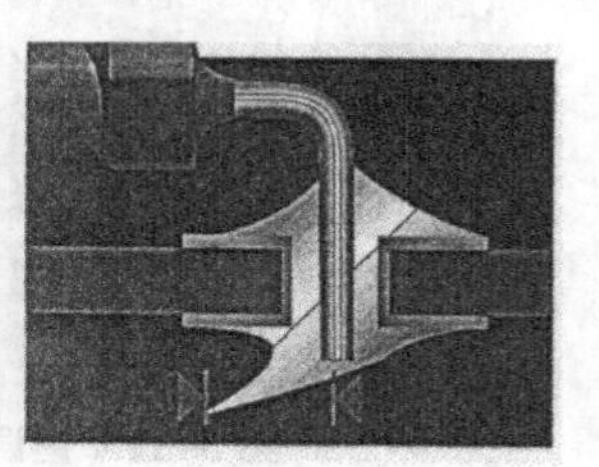

焊锡毛刺
最长 0.5mm

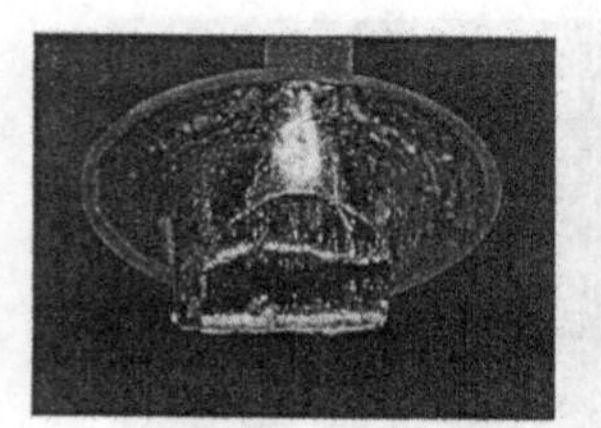

焊点的拉尖

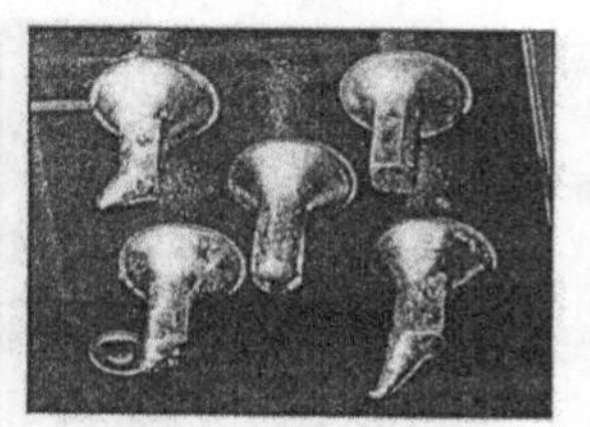

引脚断裂

图 3-14 不良焊点实物

（4）焊点表面要清洁：焊点表面的污垢一般是焊剂的残留物质，如不及时清除，会造成日后焊点腐蚀。

3.5　IPC标准简介

3.5.1　IPC组织简介

IPC最初为“The Institute of Printed Circuit”的缩写，即美国“印制电路板协会”。后改名为“The Institute of the Interconnecting and Packing Electronic Circuit”（电子电路互连与封装协会），1999年再次更名为“Association of Connecting Electronics Industries”（电子制造业协会）。由于IPC知名度很高，所以更名后，IPC的标记和缩写仍然没有改变。IPC拥有两千六百多名协会成员，包括世界著名的从事印制电路板设计、制造、组装、OEM（original equipment manufacturer 即原始设备制造商）加工、EMS（electronics manufacture service 即电子制造服务）外包的大公司，IPC与IEC、ISO、IEEE、JEDC一样，是美国乃至全球电子制造业最有影响力的组织之一。

IPC制定了数以千计的标准和规范。其中IPC-A-610 即“Acceptable of Electronic Assemblies（电子组件的可接受条件）”作为生产现场电子组装件外观质量的目视检验规范，已成为电子制造企业界使用最广泛的工艺标准。这个标准有几个版本，最新的版本为IPC-A-610 C，发表于2000年1月。全书有600多幅有关可接受性工艺标准的彩色说明图片，这些准确、清晰的图片严格地说明了现代电子组装技术的相关工艺条件，内容包括了电子组件ESD（Electrostatic Discharge 即静电放电）防护的操作、机械装配、元器件安装方向、焊接、标记、层压板、分离导线装连、表面安装等10个部分。

IPC-A-610 C不仅是企业产品检验的依据，而且还是员工生产现场的工作标准，同时也成为电子生产和装配企业员工培训的重要内容。本书的许多工艺标准主要以IPC-A-610 C为依据。

3.5.2　电子产品分级及其验收条件

1. 电子产品的分级

在IPC-A-610 C的分级中，电子产品分为3级。

（1）1级通用类电子产品。包括消费类电子产品、部分计算机及其外围设备，主要是那些对外观要求不高而以其使用功能要求为主的产品。用于民用产品（电视机，电冰箱）等。

（2）2级专用服务类电子产品。包括通信设备，复杂商业机器，高性能、长寿命要求的仪器。这类产品需要持久的寿命，但不要求必须保持不间断工作，外观上也允许有缺陷。

（3）3级高性能电子产品。包括持续运行或严格按指令运行的设备和产品。这类产品在使用中不能出现中断，例如救生设备或飞行控制系统。符合该级别要求的组件产品适用于高保证要求，高服务要求，或者最终产品使用环境条件异常苛刻。

2. 电子组件的验收条件

对各级别产品规定了4级验收条件，分别是目标条件、可接受条件、缺陷条件、过程警示条件。

（1）目标条件。目标条件是指近乎完美或被称为“优选”。当然这是一种希望达到但不一定总能达到的条件，对于保证组件在使用环境下的可靠运行也并不是非达到不可。

（2）可接受条件。可接受条件是指组件在使用环境下运行能保证完整、可靠但不是完美。可接收条件稍高于最终产品的最低要求条件。

（3）缺陷条件。缺陷条件是指组件在使用环境下其完整、安装或功能上可能无法满足要求。这类产品可以根据设计、服务和用户要求进行返工、修理、报废或照章处理，其中照章处理须取得用户的认可。

（4）过程警示条件。过程警示条件是指虽没有影响到产品的完整、安装和功能，仅存在不符合要求条件（非拒收）的一种情况：①由于材料、设计和（或）操作（或设备）原因造成的既不能完全满足目标条件又不属于拒收条件的情况。②应将过程警示项目作为过程控制的一部分而对其实行监控，并且当工艺过程中有关数据发生异常变化或出现不理想趋势时，必须对其进行分析并根据结果采取改善措施。③单一性过程警示项目不需要进行特别处理，其相关产品可“照章处理”。④各种过程控制方法常常用于计划、实施以及对于焊接电气和电子组件生产过程的评估。事实上，不同的公司、不同的实施过程以及对相关过程控制和最终产品性能不同的考虑都将影响到对实施策略、使用工具和技巧不同程度的应用。制造者必须清楚掌握对现有过程控制要求并保持有效的持续改进措施。

实训3　手工焊接练习

目的：学会正确使用、维护焊接工具；掌握焊接步骤和方法；巩固识别色环电阻。

设备与器材：普通30 W电烙铁1把，SIPIVT-E型PTH实训板1块，工具（尖嘴钳、斜口钳、镊子）一套，放大镜 1 台。

内容：将色环电阻元件水平安装在 SIPIVT-E 型 PTH 实训板的指定位置 R_1—R_{26}。

序号 观测点	R_1	R_2	R_3	R_4	R_5	R_6	R_7	R_8	R_9	R_{10}	R_{11}	R_{12}	R_{13}
安装位置													
安装定位													
焊点质量													
评分													
序号 观测点	R_{14}	R_{15}	R_{16}	R_{17}	R_{18}	R_{19}	R_{20}	R_{21}	R_{22}	R_{23}	R_{24}	R_{25}	R_{26}
安装位置													
安装定位													
焊点质量													
评分													
总分													

习　题

（1）什么是钎焊？什么是软焊接？

（2）什么是润湿过程？什么是润湿力？什么是表面张力？影响润湿的因素有哪些？

（3）什么是毛细管效应？毛细管效应对手工焊接有什么作用？

（4）什么是扩散？焊接中的扩散有几种？

（5）影响焊点质量的要素有哪些？

（6）锡铅焊料有哪些特点？共晶焊料比例是多少？其熔点是多少？

（7）简述手工焊接的步骤。

（8）助焊剂在焊接过程中起什么作用？电子装配中对焊剂有什么要求？

（9）焊接实践过程中焊点常见的质量缺陷有哪几种？如何避免？

单元4 插件生产线组装技术

本单元内容包括通孔焊接技术、插件生产线技术、元器件定位与安装的工艺标准等。

1. 理论部分

◇掌握通孔元器件的自动焊接技术；

◇掌握插件生产线的工艺流程；

◇掌握元器件的预加工的工艺方法；

◇掌握元器件的定位与安装、机械固定及其对应的工艺标准。

2. 实训部分

通过实训掌握通孔元器件的组装技术。

4.1 通孔元器件自动焊接技术

通孔元器件组装技术（THT）是传统的电路组装技术，20世纪80年代后，随着SMT的广泛应用，THT已经逐渐被SMT替代而成为SMT的辅助工艺。但是，由于有少部分电子元件（如开关、连接器等）的片式化尚未实现，因此，通孔组装技术还在生产中使用。

在工业化生产过程中，THT工艺常用的自动焊接设备是浸焊机和波峰焊机。从焊接技术上来说，这类焊接属于流动焊接。通过熔融流动的液态焊料与待焊对象的相对运动，实现湿润而完成焊接。

4.1.1　浸焊

浸焊是最早应用在电子产品批量生产中的焊接方式。普通浸焊设备的焊锡槽如图 4-1 所示。

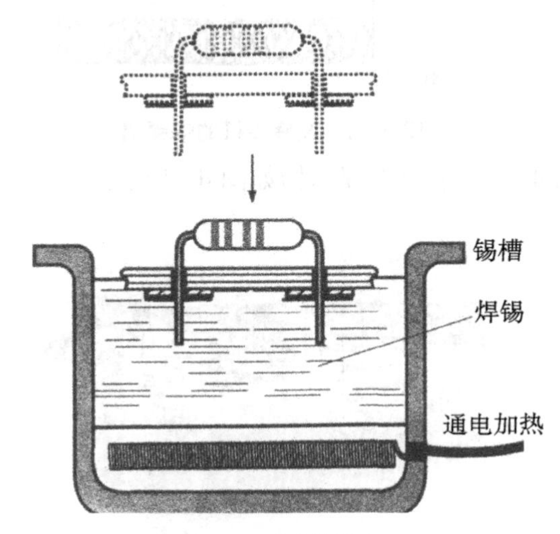

图 4-1　浸焊焊接

浸焊设备的工作原理是让插好元器件的印制电路板水平接触铅锡焊料，使整块电路板上的全部元器件同时完成焊接。印制板上的导线被阻焊层阻隔，不需要焊接的焊点和部位，要用特制的阻焊膜或胶布贴住，防止不应焊的部位（如印制板的插头）挂上焊锡。

浸焊的优点是结构简单，由温度、时间与浸入深度三个因素控制焊料，只要使电路板设计、焊盘引脚可焊性、工艺参数控制几个方面配合得当，就能保证焊接质量。

浸焊的缺点是在空气的作用下，焊料槽内的熔融焊料容易形成漂浮在表面的氧化残渣，不及时刮除残渣会严重影响焊点质量。另外，电路板在浸入焊料时，还会因为热冲击太大而翘曲变形。

4.1.2　波峰焊

1. 波峰焊机结构与工作原理

波峰焊机是在浸焊机的基础上发展起来的自动焊接设备。波峰焊是利用焊锡槽内的机械式或电磁式离心泵，将熔融焊料压向喷嘴，形成一股向上平稳喷涌的焊料波峰并源源不断地从喷嘴中溢出。装有元器件的印制电路板以平面直线匀速运动的方式通过焊料波峰，在焊接面上形成润湿焊点而完成焊接，如图 4-2 所示。

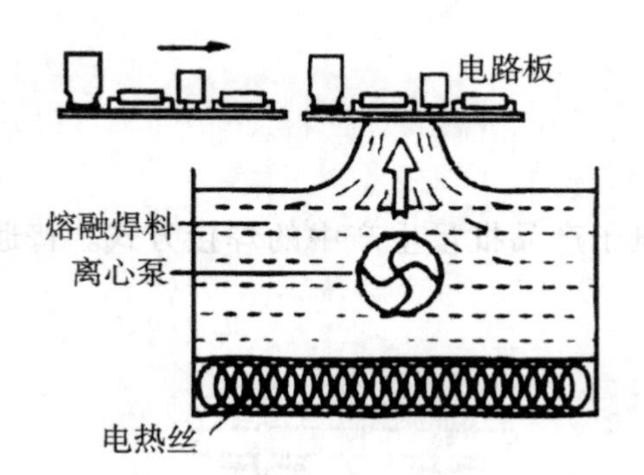

图 4-2　波峰焊机的焊锡槽

实际波峰焊机如图 4-3 所示，内部结构如图 4-4 所示。

图 4-3　实际波峰焊机

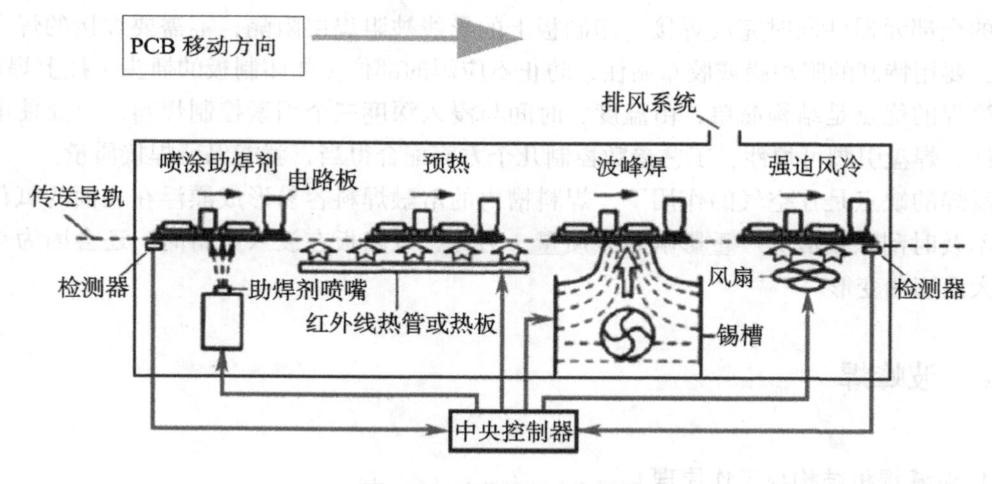

图 4-4　波峰焊机内部结构

2. 波峰焊的工艺过程

波峰焊适合成批焊接通孔 PCB 组件。与焊接质量有关的重要工艺参数，如焊料与助焊剂的化学成分，焊接温度、速度、时间等在波峰焊机上均能得到比较完善的控制。PCB 在波峰焊机中经过 7 道工序完成焊接：①装载；②涂助焊剂（上松香）；③预热；

④波峰焊；⑤热风刀；⑥冷却；⑦卸载。

这些工序分别介绍如下：

（1）装载（装板）：将待焊PCB置于传送链条上。

（2）涂助焊剂：涂助焊剂目的在于清除金属表面的氧化层。涂助焊剂的方法有发泡、浸渍、刷涂和喷雾等几种，其中发泡法最常用。这道工序在助焊剂槽内完成。助焊剂在槽缸内，当泵工作时助焊剂泡沫就喷在PCB上。

（3）预热：预热目的在于蒸发PCB上助焊剂中的溶剂，增加助焊剂的黏度。另外预热温度可加速助焊剂的化学反应，提高清除氧化层的能力和焊接速度。预热控制得好可以防止虚焊、拉尖和搭桥，减少波峰焊料对基板的热冲击，有效解决焊接中的PCB翘曲、分层、变形等问题。

（4）波峰焊：波峰焊是完成焊接的主要工序。熔化的焊锡在电磁泵的作用下，喷嘴源源不断喷出焊锡并形成波峰，当PCB经过波峰时元件被焊接。为了改善焊接的效果，一般采用双波峰的焊接方式（见图 4–5）。随着PCB向前运行，首先经过振动波（也称 λ 波），这种焊波穿透力大，能将焊料打到底面所有的焊盘、元件引脚和可焊端，有利于熔融的焊料在金属表面上进行润湿和扩散。然后再经过平滑波（也称 Ω 波），它能避免引脚、焊端之间的桥接，除去拉尖等焊接缺陷。

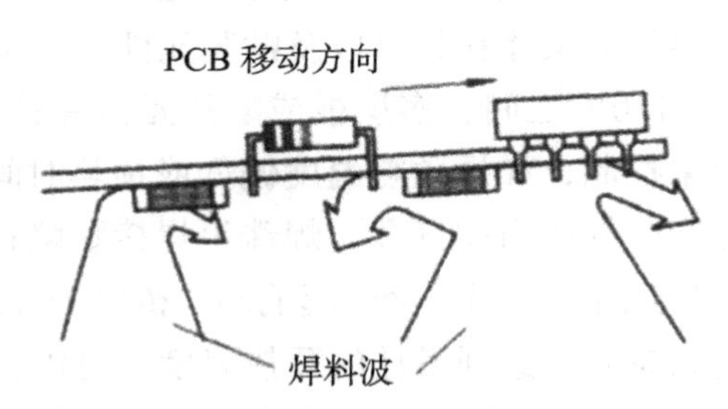

图 4–5　波峰焊中的双焊波工作示意

（5）热风刀：去除桥接，并减轻组件的热应力。热风刀是 20 世纪 90 年代出现的新技术。所谓热风刀，就是在刚离开波峰焊之后，通过一个窄长带开口“腔体”，从开口处吹出 500 ～ 525℃的热气流。热风刀的高温高压气体可以吹掉多余的焊锡，使桥接的焊点得到修复。同时也能使原来带有气孔的焊点得到修复。因此，热风刀可以使焊接缺陷大大降低。

（6）冷却：焊后对组件进行冷却。冷却方式大都为强迫风冷，正确的冷却温度与时间有利于改进焊点的外观与可靠性。

（7）卸载（卸板）：取出焊好的PCB板。

3. 波峰焊温度曲线及工艺控制

（1）波峰焊的温度曲线。图 4–6 为典型的波峰焊温度曲线，从图 4–6 中可以看出，整个焊接过程可分为三个温度区域：预热、焊接、冷却。

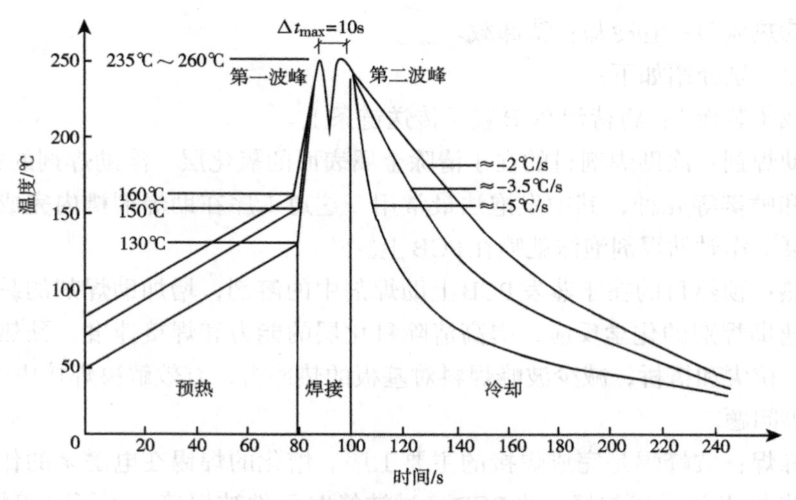

图 4-6　典型的波峰焊温度曲线

①预热过程。在预热区内，电路板上助焊剂中的水分和溶剂因加热而挥发，这样可以减少焊接时产生气体。同时，松香和活化剂开始分解活化，去除焊接表面的氧化层和其他焊接物，防止金属表面在高温下再次氧化。印制电路板和元器件经充分预热，还可以有效地避免焊接时急剧升温而产生的热应力损坏。电路板的预热温度及时间，要根据印制板的大小、厚度、元器件的尺寸和数量以及贴装元件的多少而确定。在PCB表面测量的预热温度应该在 90 ～ 130℃之间，多层板或贴片元器件较多时，预热温度取上限。预热时间由传送带的速度来控制，如果预热温度偏低或预热时间过短，助焊剂中的溶剂挥发不充分，焊接时就会产生气体引起气孔、焊珠等焊接缺陷；如预热温度偏高或预热时间过长，焊剂提前分解失去活性，同样会引起毛刺、桥接等焊接缺陷。

为恰当控制预热温度和时间，达到最佳的预热温度，可以参考表 4-1 的数据，也可以从波峰焊前涂覆在PCB底面的助焊剂是否有黏性来进行经验性判断。

表 4-1　不同类型 PCB 在波峰焊时的预热温度

PCB类型	元器件种类	预热温度 / ℃
单面板	THC+SMD	90 ～ 100
双面板组件	THC	100 ～ 110
双面板组件	THC+SMD	100 ～ 110
多层板	THC	115 ～ 125
多层板	THC+SMD	115 ～ 125

②焊接过程。焊接过程是被焊接金属表面、熔融焊料和空气等之间相互作用的复杂过程，在该过程中同样必须控制好温度和时间。如果焊接温度偏低，液体焊料的黏性大，不能很好地在金属表面润湿和扩散，就容易产生拉尖、桥接、焊点表面粗糙等缺陷；如果焊接温度过高，则容易损坏元器件，还会由于助焊剂被碳化从而失去活性、焊点氧化速度加快，致使焊点失去光泽、不饱满。因此，波峰表面温度一般应该控制在

（250±5）℃的范围之内。

波峰焊的焊接时间可以通过调整传送系统的速度来控制，传送带的速度要根据不同波峰焊机的长度、预热时间、焊接温度等因素统筹考虑，进行调整。以每个焊点接触波峰的时间来表示焊接时间，一般焊接时间为 2 ～ 4 s。双波峰焊的第一波峰一般调整为温度 235 ～ 240℃，时间 1 s左右；第二波峰一般设置在 240 ～ 260℃，时间 3 s左右。综合调整控制工艺参数对提高波峰焊质量非常重要。

③冷却过程。冷却过程比较简单，用风扇散热，一般不需专门的调整。

（2）波峰焊机工艺参数的调整。波峰焊机的工艺参数——带速、预热温度、焊接时间和倾斜角度之间需要互相协调，反复调节，其中带速影响产量。各种参数协调的原则是以焊接时间为基础，协调倾斜角与带速，焊接时间一般为 2 ～ 3 s。

4.2　插件生产线组装技术

通孔PCB组件的组装内容主要包括插件和焊接两个部分。插件分为手工插件MI（manual insert）和自动插件AI（auto insert）两种方式。焊接有手工焊接、浸锡、波峰焊三种方法。根据生产的规模和电路的复杂程度，THT生产线常用手工插装+手工焊接、流水线插装+波峰焊和自动插装+波峰焊这三种组装方式。

4.2.1　手工插装、手工焊接

在产品的样机试制阶段或小批量试生产时，印制电路板组装主要靠手工完成。组装流程如图 4-7 所示。

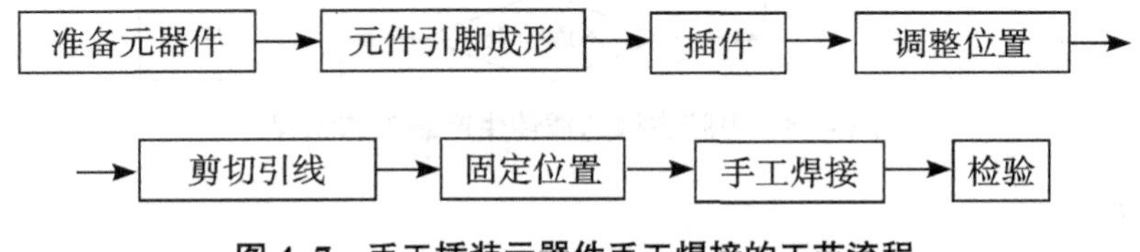

图 4-7　手工插装元器件手工焊接的工艺流程

这种组装方式的优点是设备简单，但效率低，而且容易出错。

4.2.2　流水线插装、波峰焊

对于设计稳定，通孔元器件组装工作量大的产品，宜采用流水线装配。这种方式可大大提高生产效率，减少差错，提高产品合格率。如SMT混装工艺中的THT生产线部分就采用流水线手工插装、波峰焊机焊接的工艺。下面以电脑主板的插件生产线为例，详细的生产线工艺流程，如图 4-8 所示。

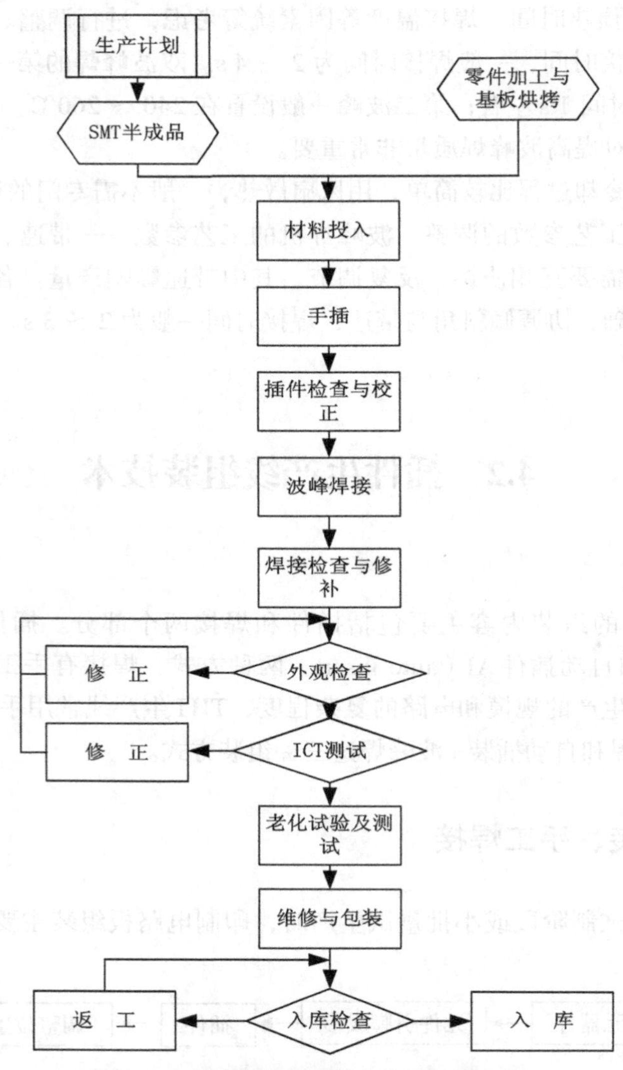

图 4-8 电脑主板的插件生产线工艺流程

1. 手工插件

插件线上布置若干个工位，将所有手插器件分解到每个具体的工位上，每个操作者在指定的工位上于规定的时间内完成一定数量器件的插装（一般限定每人约 6 个元器件插装的工作量）。工位划分的原则：每道工序所用的时间相等。这个时间就称为流水线的节拍。前一工位插装结束后，PCB 移动到下一个工位。PCB 在流水线上的移动一般都是用传送带的方式进行。传送带运动方式通常有两种：一种是间歇运动（即定时运动），另一种是连续匀速运动。这两种运动方式都要求每个操作者必须严格按照规定的节拍进行（见图 4-9）。

图 4-9　实际的插件线

决定一条流水线设置工位的多少，要考虑到产品的复杂程度、生产量、人员情况等因素，少的设置 20 个工位左右，多的可达 50 ～ 60 个工位以至更多。在SMA混装工艺中，THT线上要插的元器件少，只要几个工位就可组成一条小流水线。

其工艺流程如图 4-10 所示。

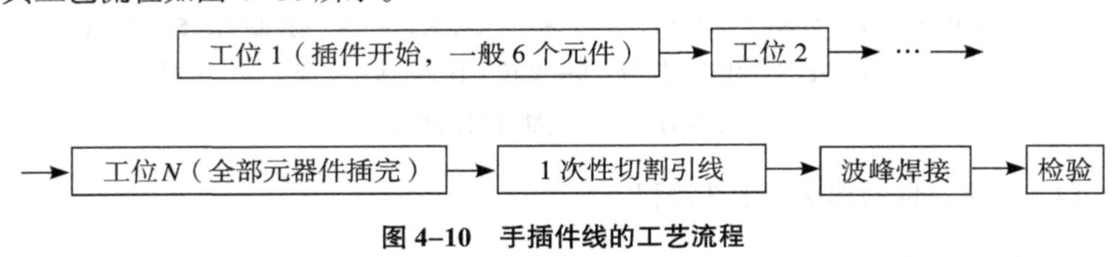

图 4-10　手插件线的工艺流程

2. 引线切割

引线切割一般用专用设备切割机完成。

3. 焊接

在波峰焊机上完成。制程参数：锡炉温度为 240 ～ 260℃，轨道倾斜度为 4° ～ 5°，过锡时间为 3.5 ～ 5 s。

4.2.3　插件机插装、波峰焊接

对于设计稳定，产量大和装配工作量大且元器件又无须选配的产品，宜采用自动装配方式。自动化组装一般使用自动插件机插装元器件，使用波峰焊机完成元器件的焊接。先进的自动插件机每小时可装一万多个元器件，效率高，节省劳力，产品合格率也大大提高。

1. 插件机简介

插件机的结构如图 4-11 所示，插件机的功能是将规定的电子元器件插入并固定在印制板的安装孔中。根据元器件插装时的方向不同，自动插件机分为水平（轴向）式和立式（径向）两类。轴向插件机适合电阻、跨接线（裸铜线）等轴向元件的水平安装。径向插件机适合插装电容器、三极管等径向元器件的立式安装。

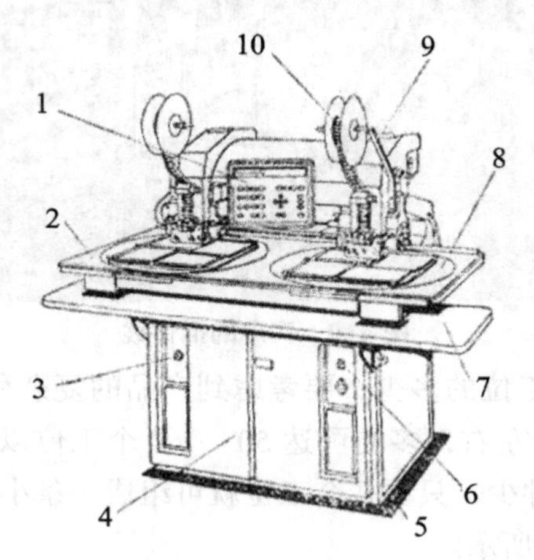

1- 控制操作面板；2-X-Y 工作台；3- 压缩空气开关；4- 电气控制箱；5- 地垫；
6- 空气开关；7- 固定工作台；8- 旋转工作台；9- 支架；10- 带料

图 4-11　水平式插件机的结构

2. 自动插件、自动焊接的工艺流程

自动插装、自动焊接元器件的过程如图 4-12 所示。

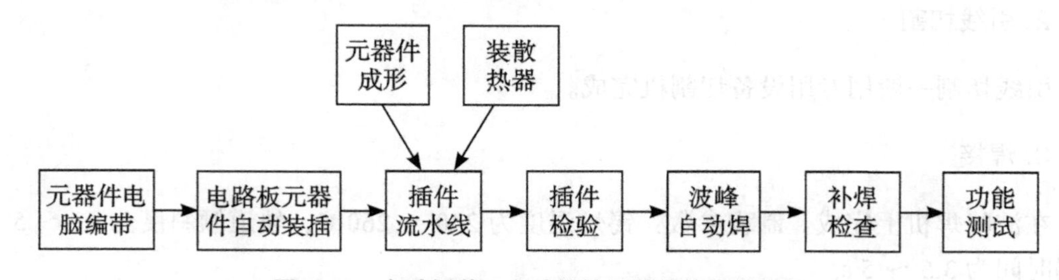

图 4-12　自动插装、自动焊接元器件的工艺流程

（1）编辑编带程序。首先要按照印制电路板上电阻元件装插路线，在编辑机上进行编带程序编辑。装插路线一般按Z字形走向，编带程序反映了各种规格的电阻器的装插路线和次序。

（2）编带机编织插件料带。在编带机上，将编带程序输入编带机的控制电脑，编带机根据电脑发出的指令控制编带机运行，并把编带机料架上放置的不同阻值的电阻带料自动编排成按插装顺序的料带。编带过程中若发生元件掉落或元件不符合程序要求时，编带机的电脑自动监测系统会自动停止编带，纠正错误后编带机继续往下运行，保证编出的料带完全符合编带程序要求。元件带料的编排速度由电脑控制，编排速度 1 小时可达 25 000 个。轴向元件带料如图 4-13 所示，径向元件的带料如图 4-14 所示。

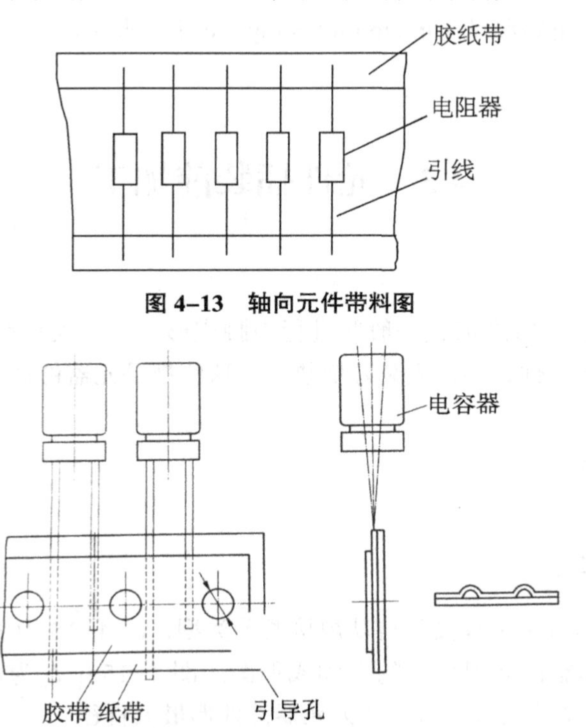

图 4-13 轴向元件带料图

图 4-14 径向元件带料

（3）插件机自动插装元器件。编带机编织好的元件料带放置在自动插件机料带架上，印制电路板放置在插件机X-Y旋转工作台上，将已经编辑好的元件插装程序输入到插件机电脑中，由电脑控制插件机将一个一个元件插装到位。电路板*X*轴方向的元件插装完毕，旋转工作台会按照程序指令自动旋转 90°，再完成*Y*轴方向元件的插装。插装过程中出现错误或元件未插到位，插件机控制盘上的指示灯会发出光亮信号并自动停机，待检查补正后，插件机继续往下运行。有些元件自动插件机兼有编带机的功能，一台机器就可完成元件的编带和装插。

（4）手工补插。自动插件机一般都可以完成*X*、*Y*方向任意一个轴向元件插装，并有保证插装质量的自动监测系统，以防止误插、漏插等缺陷。自动插件机的缺点是设备成本高，对印制板的尺寸和元器件的形状等有严格的要求，因此对不宜自动插装的元器件，仍需在自动插装后用手工插装。

（5）插件检验。在进入波峰焊之前，要对元器件的插装质量进行检验。确保无误插、漏插等缺陷后，可进入下道焊接工序。

（6）波峰焊接 。波峰焊机是一种自动焊接设备。在这个工序中，熔化的焊料通过本机器将零件的引脚和PCB的焊盘粘固在一起，以完成电气联结。工艺参数：锡炉温度为

240 ～ 260℃，轨道倾斜度为 40° ～ 50°，加锡时间为 3.5 ～ 5 s。

（7）焊后检查。尽管波峰焊的技术已经很成熟，但焊接的合格率仍做不到 100%。波峰焊常见的缺陷是漏焊、虚焊、桥接。经过波峰焊后，要对焊接质量进行检查。检测的方法分为目视检查、电路测试（in circuit testing，ICT）两种。

4.3 元件插装前加工

元器件在插装到PCB之前，一般要进行引脚成形。另外大功率的三极管、功放集成电路等需要散热的元器件，要预先装好散热片。这些都是元器件插装前加工的任务。

4.3.1 引脚成形

1. 引脚成形的要求

元器件引脚成形有手工焊接和自动焊接两种类型，图 4−15 为手工焊接时的引脚成形图，图 4−16 为用机器自动焊接时的引脚成形图。图 4−15 中 L_a 为两焊盘之间的距离，*d* 为引线直径或厚度，*R* 为弯曲半径，*D* 为元器件外形最大直径。

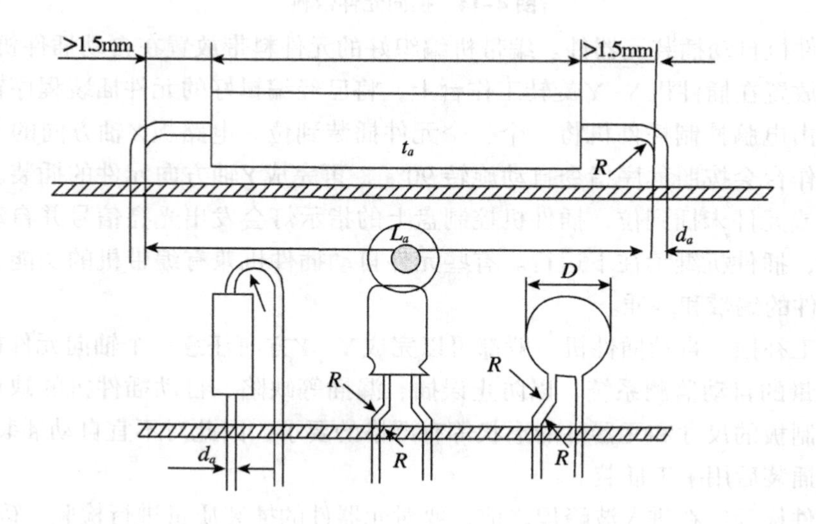

图 4−15　手工焊接元件引脚成形

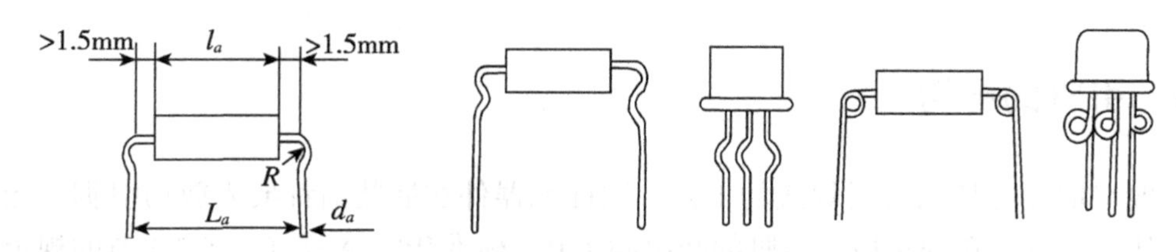

图 4-16　自动焊接元件引脚成形

元件引脚加工的工艺要求是：①引线弯折处距离引线根部尺寸应大于 1.5 mm，以防止引线折断或被拉出。②引线弯曲半径*R*应大于两倍引线直径*d*，以减少弯折处的机械应力。对立式安装，引线弯曲半径*R*应大于元器件体的外半径。③元器件引线成形后，其标称值的方向应处在查看方便的位置。④两引线左右弯折要对称（对卧式安装），引出线要平行，其间的距离应与印制电路板两焊盘孔的距离相同，以便于插装。⑤对于自动焊接方式，可能会出现因振动使元器件歪斜或浮起等缺陷，宜采用具有弯弧的引线。晶体管及热敏感元件，其引线可加工成圆环形，以加长引线，减少热冲击。

2. 引脚成形的方法

元器件引线可使用专用模具、专用工具和手工弯折 3 种方法。手工弯折方法如图 4-17（a）所示，用带圆弧的长尖嘴钳或镊子靠近元件的根部，按弯折方向转动引线即可。图 4-17（b）为专用模具成形引线的示例，在模具的垂直方向上开有供插入元件引线的长条形孔，元件的引线从插入成形模的长孔后，插入插杆，引线即成形，然后拔出插杆，将元件从水平方向移出。

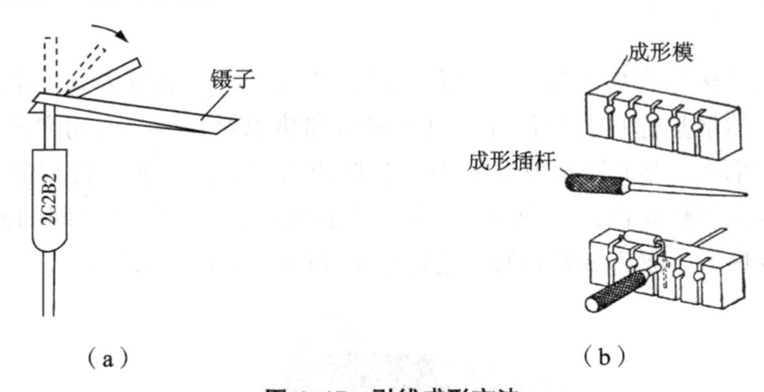

图 4-17　引线成形方法

（a）手工弯折方法　（b）模具成形方法

3. 元件引脚成形的工艺标准

元件引脚成形工艺标准见 IPC-A-610 C 5.3 节。

4.3.2 引脚的剪切

一般采取先剪切引脚后焊接的工艺，因此元器件在插装前都要先剪切引脚。元器件引脚剪切的长度应在焊接后，引脚的凸出满足IPC标准IPC−A−610 C 5.2.7 节的规定（见表 4−2）。

IPC−A−610 C 5.2.7.1 是这样规定的：PCB上元器件引脚伸出焊盘的部分，以不会出现减小电气间隙为原则。如果引脚的偏移严重，会造成后续的手工操作时产生静电放电而击穿元器件。

表 4−2 引脚凸出长度

	1 级	2 级	3 级
（L）最小	焊锡中的引脚末端可辨识		
（L）最大	无短路的危险	2.5 mm（0.098 4 in）	1.5 mm（0.059 1 in）

说明：对于单面板的引脚或导线延伸（L），1 级和 2 级标准为至少 0.5 mm（0.020in）。3 级标准为必须有足够的引脚延伸用以固定。

对于板厚超过 2.3 mm 的导通孔，如果用引脚长度已定的器件如 DIP、标装等，可允许引脚不在导通孔中凸出。

4.3.3 散热器的安装

电子器件的散热分为自然散热、强迫通风、蒸发、换热器等方式。常用的散热方式是自然散热，自然散热途径有热传导、自然对流和热辐射几种。大功率器件散热器安装图例如图 4−18 所示。为了提高散热效果，散热器的装配要求元器件与散热器之间的接触面平整，以增大接触面积，减少散热热阻，而且元器件与散热器之间的紧固件要拧紧，使元器件紧贴散热器。散热器安装的工艺标准见IPC−A−610 C 4.6 节。

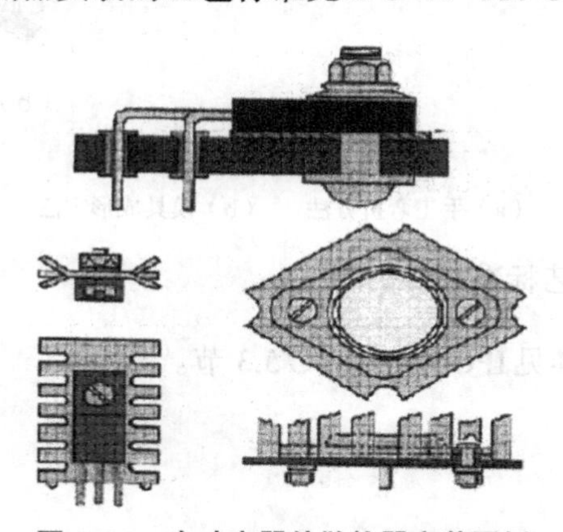

图 4−18 大功率器件散热器安装图例

4.3.4　导线加工

绝缘导线的加工可分裁剪、剥头、捻头（多股导线）、浸锡、清洁等工序。

1. 裁剪

绝缘导线在加工过程中，其绝缘层不允许损坏，否则会降低绝缘性能。应该先剪长导线，后剪短导线。这样可不浪费线材。手工剪导线时要拉直再剪。裁剪长度允许有 5% ～ 10% 的正误差，不允许出现负误差。

2. 剥头

裁剪完毕，将导线端头的绝缘层剥离。剥离方法有刃截法和热截法两种。

刃截法是使用剥丝钳将规定剥头长度的导线插入刃口内，压紧剥丝钳，刀刃切入绝缘层内，随后夹住导线，拉出剥下的绝缘层。若没有剥线钳，可以使用电工刀或剪刀代替，在规定长度的剥头处切割一个圆形线口，然后切深（注意不要割透绝缘层而损伤导线），接着在切口处多次弯曲导线，靠弯曲时的张力撕破残余的绝缘层，最后轻轻地拉下绝缘层。

热截法是使用热控剥皮器通电预热后，将待剥头导线按所需长度放在两个电极之间，边加热边转动导线，待四周绝缘层切断后，用手边转动边向外拉，即可剥出无损伤的端头。芯线截面积与剥头长度的关系如表 4–3 所示。

表 4–3　芯线截面积与剥头长度的关系

芯线截面积 /mm²	1 以下	1.1 ～ 2.5
剥头长度 /mm	8 ～ 10	10 ～ 14

3. 捻头

多股导线剥去绝缘层后，要进行捻头以防止芯线松散。捻头是要顺着原来的合股方向旋捻，螺旋角一般约 30° ～ 45° ，捻线时用力要均匀，不宜过猛，否则易将细线捻断。

4. 浸锡

绝缘导线经过剥头和捻头之后，为了防止氧化应在较短时间内浸锡。将捻好头的导线蘸上助焊剂，然后将导线垂直插入锡锅中，插入时不应触到绝缘层端头，浸渍层和绝缘层之间留有大于 3 mm 的间隙，浸锡时间控制在 1 ～ 3 s。

5. 清洁

浸锡的导线端头有时会留有焊料或焊剂的残渣，应及时清除，清洗液可选用酒精，但不允许用机械方法刮擦，以免损伤芯线。

4.4 元件定位与安装

电子产品中常用的元器件有电阻器、电容器、电感、二极管，三极管、集成电路等。在流水线上装插元器件时，要根据印制电路板的电路结构和元器件特点，采取不同的工艺方法，才能获得较好的效果，满足插装质量要求。

（1）每个工位的操作人员将已经检验合格的元器件按不同品种、规格装入容器或纸盒中，并整齐放置在工位插件板的前方位置上。每个工位的前上方都悬挂有工艺指导卡，清楚地写明工位的操作内容、插装元器件的型号规格、使用的工具及其规格、插装注意事项，并图示元器件在印制电路板上的插装位置。

（2）元器件的插装应遵循先小后大、先轻后重、先低后高、先里后外的原则，这样有利于插装的顺利进行。

（3）CMOS集成电路、场效应管的输入阻抗很高，极易被静电击穿，所以插装这些元器件时，操作人员须戴手腕带进行操作。已经插装好这类元器件的印制电路板在流水线上传递时，传送带的背面嵌装有金属网以便于接地，可防止这些元器件被静电击穿。

（4）为了防止助焊剂中的松香浸入元器件内部的触点而影响使用性能，一些开关、电位器等电子元器件不宜进行波峰焊，因此，在对印制电路板插件实施波峰焊的流水线上，这些元器件在波峰焊前不插装，要在插装部位的焊盘上贴胶带纸。波峰焊接后撕下胶带纸，再手工装插这些元器件进行手工焊接。目前，较先进的工艺已改变贴胶带纸的烦琐方法，在设计制作印制电路板时，在该器件插孔焊盘的周围设置免焊工艺槽，这样就可防止波峰焊的焊料将元器件插孔堵塞，从而使在波峰焊后仍能顺利地插装这些元器件。免焊工艺槽如图 4-19 所示。

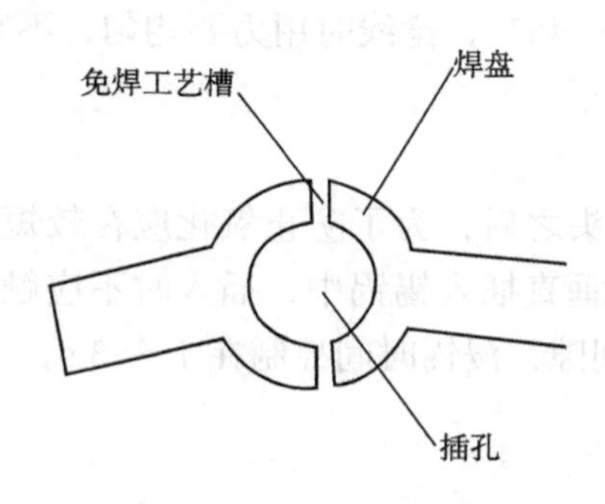

图 4-19 免焊工艺槽

实训 4　通孔PCB组件的手工组装

项目 4.1　通孔器件手工组装

目的：掌握各类通孔元件的水平安装、垂直安装的方法。理解电子元器件安装的工艺标准。

设备与器材：普通 30W 电烙铁 1 把、SIPIVT-E 型 PTH 实训板 1 块、工具（尖嘴钳、斜口钳、镊子）1 套、元器件 1 批、放大镜 1 台。

内容：

1. 色环电阻的手工焊接

将色环电阻元件垂直安装在SIPIVT-E型PTH实训板的指定位置R_{27}—R_{46}。

序号 / 观测点	R_{27}	R_{28}	R_{29}	R_{30}	R_{31}	R_{32}	R_{33}	R_{34}	R_{35}	R_{36}
安装位置										
安装定位										
焊点质量										
评分										
序号 / 观测点	R_{37}	R_{38}	R_{39}	R_{40}	R_{41}	R_{42}	R_{43}	R_{44}	R_{45}	R_{46}
安装位置										
安装定位										
焊点质量										
评分										
总分										

2. 电容的手工焊接

将电容元件安装在SIPIVT-E型PTH实训板的指定位置C_1—C_{16}。

序号 / 观测点	C_1	C_2	C_3	C_4	C_5	C_6	C_7	C_8
安装位置								
安装定位								
焊点质量								
评分								

（续表）

观测点 \ 序号	C_9	C_{10}	C_{11}	C_{12}	C_{13}	C_{14}	C_{15}	C_{16}
安装位置								
安装定位								
焊点质量								
评分								
总分								

3. 二极管的手工焊接

将二极管元件安装在SIPIVT-E型PTH实训板的指定位置VD_1—VD_{16}。

观测点 \ 序号	VD_1	VD_2	VD_3	VD_4	VD_5	VD_6	VD_7	VD_8
安装位置								
安装定位								
焊点质量								
评分								
观测点 \ 序号	VD_9	VD_{10}	VD_{11}	VD_{12}	VD_{13}	VD_{14}	VD_{15}	VD_{16}
安装位置								
安装定位								
焊点质量								
评分								
总分								

4. 三极管的手工焊接

将三极管元件安装在SIPIVT-E型PTH实训板的指定位置VT_1—VT_{11}。

观测点 \ 序号	VT_1	VT_2	VT_3	VT_4	VT_5	VT_6	VT_7	VT_8	VT_9	VT_{10}	VT_{11}
安装位置											
安装定位											
焊点质量											
评分											
总分											

5. 集成电路的手工焊接

将集成电路安装在SIPIVT–E型PTH实训板的指定位置IC_1—IC_4。

序号 观测点	IC_1	IC_2	IC_3	IC_4
安装位置				
安装定位				
焊点质量				
评分				
总分				

6. 连接器的手工焊接

将连接器安装在SIPIVT–E型PTH实训板的指定位置CH_1—CH_5。

序号 观测点	CH_1	CH_2	CH_3	CH_4	CH_5
安装位置					
安装定位					
焊点质量					
评分					
总分					

7. 机械装配

将散热器安装在SIPIVT–E型PTH实训板的指定位置V_{12}。

质量要求：三极管的极性正确，散热器安装方式正确，紧固件的安装次序正确，螺钉选择合适。

8. 导线加工与焊接

参照下图完成导线加工与焊接。

9. 特殊连接器的焊接

参照下图完成导线与特殊连接器的焊接。

10. 电阻的绕焊

参照下图完成电阻的绕焊。

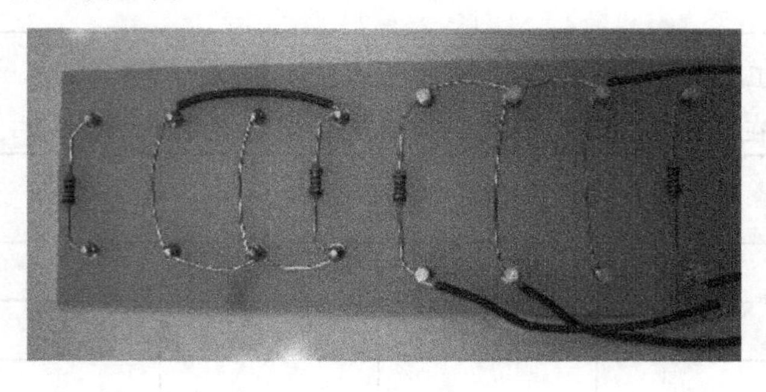

项目 4.2　单元电路组装

目的： 掌握各类电子元件的水平安装、垂直安装的方法。理解电子元器件安装的工艺标准。

设备与器材： 数字万用表 1 只，普通 30 W 电烙铁 1 把，SIPIVT–E 型 PTH 实训板 1 块，工具（尖嘴钳、斜口钳、镊子）1 套，放大镜 1 台，元器件 1 批。

内容：

（1）根据元件清单准备元器件，并用万用表检查元器件的质量，将不良元件挑选出来更换。

位号	名称、型号、规格	数量
R_{91}	电阻 RJ–0.25–10 k	1
R_{92}	电阻 RJ–0.25–2.2 k	1
R_{93}	电阻 RJ–0.25–4.7 k	1
R_{94}	电阻 RJ–0.25–820	1
VD_{91}— VD_{94}	二极管 1N4148	4
VD_{95}	稳压二极管 V_Z=6 V	1
C_{91}	电容 CY–2200 P	1
C_{92}	电容 CY–10000 p	1
C_{93}	电容 CD11–10–100 μF	1

续表

位号	名称、型号、规格	数量
C_{94}	电容 CD11−25−22 μF	1
VT_1−VT_2	三极管 9013	2
IC_1	集成电路 555	1
IC_2	CI 插座 −DIP8	1
CH_1	插座 3.96	1
CH_2	插座 2.54	1
CZ_1	插头 3.96	1
CZ_2	插头 2.54	1

（2）根据元器件封装和PCB图制定合理的安装顺序。

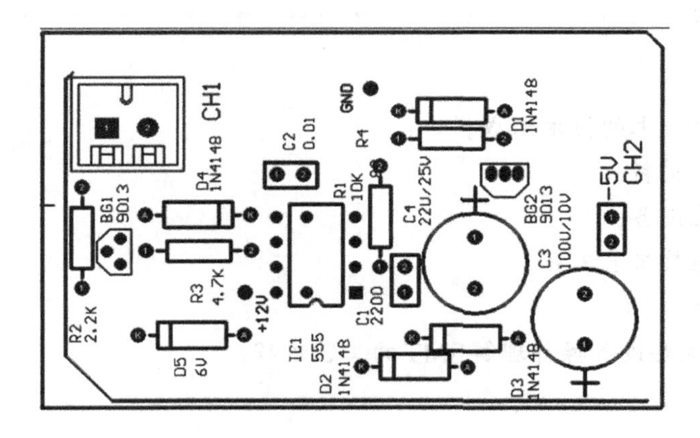

（3）完成器件安装，并检查电路功能。（正常功能：从CH_1输入电压 5 V，从CH_2输出 −5 V的电压）

习　题

（1）什么是波峰焊？简述其主要的工作过程。

（2）简述手工插件、波峰焊的工艺流程。

（3）插件工位划分的依据是什么？

（4）简述自动插件、波峰焊的工艺流程。

（5）简述 1、2、3 级电子组装件元件引脚突出的工艺标准。

（6）简述轴向元件定位与安装的标准。

单元5 表面组装技术

本章介绍表面组装技术的组成，表面组装工艺材料与设备，表面组装的类型及工艺制程，表面组装技术的特点。

1. 理论部分

◇表面组装技术的技术组成；

◇表面组装材料；

◇表面组装设备；

◇表面组组装工艺流程。

2. 实训部分

通过SMT主要设备操作理解SMT的工艺流程。

5.1 概　述

表面组装技术（surface mounted technology，SMT）是新一代电路组装技术，也是目前电子组装行业的主流生产技术。

5.1.1 表面组装技术的组成

表面组装技术是技术知识密集的综合技术，涉及元器件封装、印刷技术、自动控制、软铅焊技术、材料等多专业和学科。表面组装技术（见图5-1）包括表面组装元器件、表面电路板及图形设计、表面组装专用辅料（焊锡膏、贴片胶）和表面组装工艺技术等多方面内容。这些内容可以归纳为三个方面：设备、装联工艺（软件）和元器件，其中设备是硬件，工艺是软件，元器件是基础，只有在这三方面都得到较好地解决，才能保证生产线的正常工作。

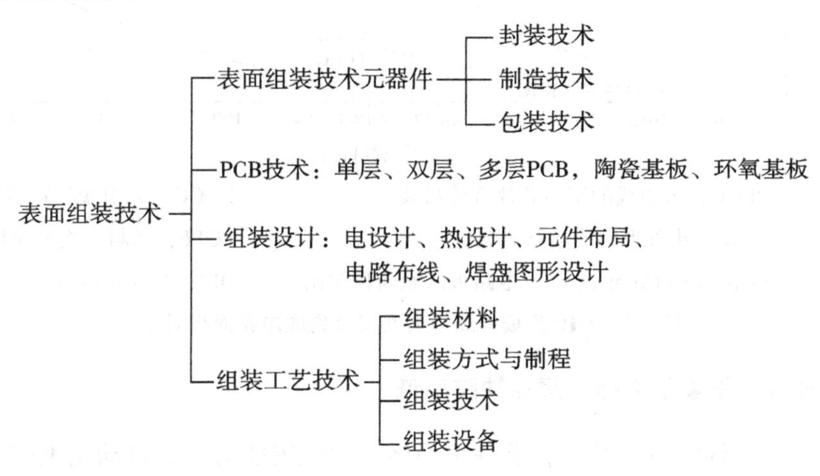

图 5–1　SMT 的技术构成

5.1.2　表面组装技术的特点

表面组装技术有很多优点，主要表现在以下几点。

1. 组装密度高

表面组装产品的主要特征是组装密度高、电子产品体积小和重量轻，如图 5–2、图 5–3 所示。由于贴片元件的体积和重量只有传统插装元件的 1/10 左右，一般采用SMT之后，电子产品体积缩小 40% ～ 60%，重量减轻 60% ～ 80%。通孔安装技术元器件的引脚间距为 100 mil（2.54 mm），而SMT器件的引脚间距在 25 ～ 50mil（0.63 ～ 1.27 mm），目前已经达到 20 mil（0.5 mm）。

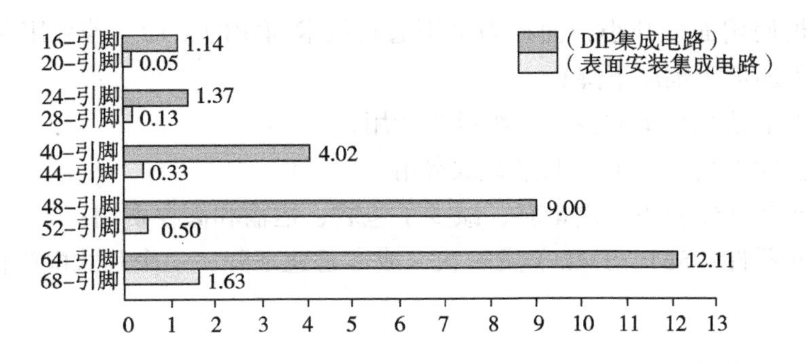

图 5–2　DIP 集成电路与表面安装集成电路的引脚数目、重量对比

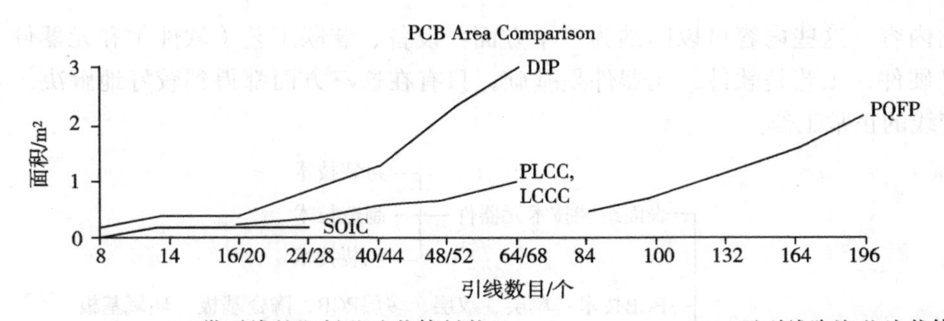

PLCC：带引线的塑料芯片载体封装　　LCCC：无引线陶瓷芯片载体封装

SOIC：小外形集成电路封装　　PQFP：塑料方块平面封装

PCB Area Comparison：电路板区域面积对比　　DIP：双列直插封装

图 5-3　DIP 集成电路与表面安装集成电路面积对比

2. 可靠性高、抗震能力强、焊点缺陷率低

由于片式元器件的可靠性高，器件小而轻，故抗震能力强，自动化生产程度高。贴装可靠性高，焊点不良率小于百万分之一，比通孔插装元件波峰焊接技术低 1 个数量级，目前几乎有 90%的电子产品采用SMT工艺。

3. 高频特性好，减少了电磁和射频干扰

由于片式元器件贴装牢固，器件通常为无引线或短引线，降低了寄生电感和寄生电容的影响，提高了电路的高频特性。采用SMC及SMD设计的电路最高频率达 3 GHz，而采用通孔元件仅为 500 MHz。采用SMT也可缩短传输延迟时间，可用于时钟频率为 16 MHz以上的电路。若使用多芯片模块MCM（multi-chip module，多芯片模块）技术，计算机工作站的高端时钟频率可达 100 MHz，由寄生电抗引起的附加功耗可降低至 1/3 ～ 1/2。

4. 成本低

（1）印制板使用面积减小，面积为采用通孔技术面积的 1/12，若采用芯片级（CSP）封装，则其面积还可大幅度下降；

（2）印制板上钻孔数量减少，节约返修费用；

（3）频率特性提高，减少了电路调试费用；

（4）片式元器件体积小、重量轻，减少了包装、运输和储存费用；

（5）片式元器件（SMC/SMD）发展快，成本迅速下降，一个片式电阻同通孔电阻价格相当。

5. 便于自动化生产

目前通孔安装PCB要实现完全自动化，还需在原印制板面积的基础上扩大 40%，这样才能使自动插件的插装头将元件插入，若没有足够的空间间隙将碰坏零件。而自动贴片机采用真空吸嘴吸放元件，真空吸嘴小于元件外形，可提高安装密度。事实上，小元件及细间距QFP器件均采用自动贴片机进行生产，可以实现全线自动化生产。

当然，SMT生产中也存在一些问题，如：

（1）元器件上的标称数值看不清，维修工作困难；

（2）维修调换器件困难，并需专用工具；

（3）元器件与印制板之间热膨胀系数（CTE）一致性差。对元器件、印制板等都提出了更高的要求。

5.1.3　表面组装技术工艺要素

1. 表面组装技术定义

表面组装技术是一种无须在印制板上钻插装孔，直接将表面组装元器件贴、焊到印制电路板表面规定位置上的电路装联技术。具体地说，表面组装技术就是用特定的工具或设备将表面组装元器件引脚对准预先涂覆了黏结剂和焊膏的焊盘图形上，把表面组装元器件贴装到PCB表面上，然后经过回流焊，使表面组装元器件和电路之间建立可靠的机械和电气连接，元器件和焊点同在电路基板一侧，如图 5-4 所示。

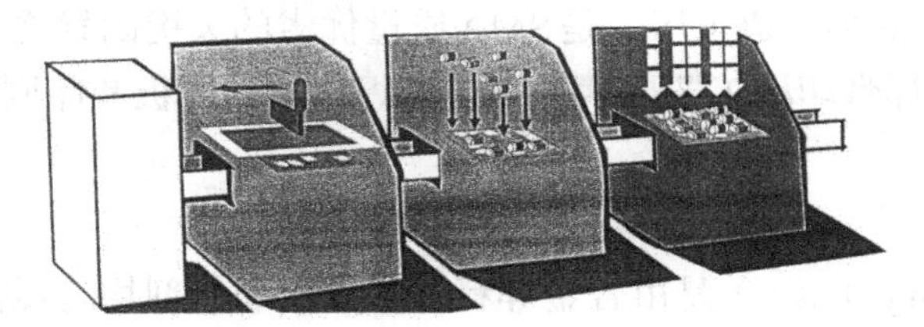

图 5-4　最简单的 SMT 制程

2. SMT工艺构成要素

SMT工艺构成要素主要包括：印锡膏、贴装、回流焊接、清洗、检测。工艺流程如图 5-5 所示。

图 5-5　SMT 工艺流程

（1）印锡膏。其作用是将焊膏或贴片胶漏印到PCB的焊盘上，为元器件的焊接做准备。所用设备为印刷机（丝网印刷机），位于SMT生产线的最前端。

（2）贴装。其作用是将表面组装元器件准确安装到PCB的固定位置上。所用设备为贴片机，位于SMT生产线中印刷机的后面。

（3）回流焊接。其作用是将焊膏熔化，使表面组装元器件与PCB板牢固黏结在一起。所用设备为回流焊炉，位于SMT生产线中贴片机的后面。

（4）清洗。其作用是将组装好的PCB板上面的焊接残留物如助焊剂等去除。所用设备为清洗机，位置可以不固定，可以在线，也可以不在线。

（5）检测。其作用是对组装好的PCB板进行焊接质量和装配质量的检测。所用设备有放大镜、显微镜、在线测试仪（ICT）、飞针测试仪、自动光学检测（AOI）、X射线检测系统、功能测试仪等。位置根据检测的需要，可以配置在生产线合适的地方。

5.2 表面组装工艺材料与设备

根据SMT的工艺构成，表面组装应包括三个主要环节，即焊膏印刷、贴片及回流焊接。

5.2.1 焊膏印刷

焊膏印刷是SMT的第一道工序，是SMA质量优劣的关键因素之一，70%左右的缺陷来源于焊膏的印刷。焊膏印刷工艺要素主要包括焊锡膏、模板和印刷机。

1. 焊锡膏

焊锡膏（Soldering Paste）是由合金焊料粉和糊状助焊剂均匀搅拌而成的膏状体，是SMT工艺中不可缺少的焊接材料，广泛用于回流焊中。锡膏在常温下具有一定的黏性，可将电子元件初粘在既定的位置，在焊接温度下，随着溶剂和部分添加剂挥发，将被焊元件与PCB互连在一起形成永久连接。采用合适的涂布方法，焊膏通过模板涂于表面组装印刷板的焊盘上。

（1）锡膏的化学成分。锡膏主要由合金焊料粉末和助焊剂组成。其中合金焊料粉末占总重量的85%～90%，助焊剂占10%～15%。

①合金焊料粉末。合金焊料粉末是锡膏的主要成分，传统的合金粉末有Sn63%-Pb37%，熔解温度为183 ℃；Sn62%-Pb36%-Ag2%，熔解温度为179 ℃；Sn43%-Pb43%-Bi14%，熔解温度为114～163℃。

合金焊料粉末的形状、粒度和表面氧化程度对焊膏性能的影响很大。锡粉形状分成无定形和球形两种，球形合金粉末的表面积小，氧化程度低，制成的锡膏具有良好的印刷性能。锡粉的粒度一般为200～400目。粒度愈小，黏度愈大；粒度过大，会使锡膏黏结性能变差；粒度太细，表面积增大，会使其表面含氧量增高，也不宜采用，见表5-1。

表 5-1　SMT 引脚间距与锡粉颗粒的关系

引脚间距/mm	0.8 以上	0.65	0.5	0.4
颗粒直径/μm	75 以下	60 以下	50 以下	40 以下

②助焊剂 。助焊剂是锡粉的载体，为了改善印刷效果有时还需加入适量的溶剂。通过助焊剂中活性剂的作用，能清除被焊材料表面及锡粉本身的氧化物，使焊料迅速扩散并附着在被焊金属表面。助焊剂的组成对锡膏的扩展性、润湿性、塌陷、黏度变化、清洗性、储存寿命起决定性作用。

（2）锡膏的分类。

①根据锡粉合金的熔点可分为普通锡膏（熔点 178 ～ 183 ℃）、高温锡膏（熔点 250℃以上）、低温锡膏（熔点 150℃以下），如表 5-2 所示。

表 5-2　不同熔点锡膏的回流焊温度

合金类型	熔化温度/℃	再流焊温度/℃
Sn63/Pb37	183	208 ～ 223
Sn60/Pb40	183 ～ 190	210 ～ 220
Sn50/Pb50	183 ～ 216	236 ～ 246
Sn45/Pb55	183 ～ 227	247 ～ 257
Sn40/Pb60	183 ～ 238	258 ～ 268
Sn30/Pb70	183 ～ 255	275 ～ 285
Sn25/Pb75	183 ～ 266	286 ～ 296
Sn15/Pb85	227 ～ 288	308 ～ 318
Sn10/Pb90	268 ～ 302	322 ～ 332
Sn5/Pb95	305 ～ 312	332 ～ 342
Sn3/Pb97	312 ～ 318	338 ～ 348
Sn62/Pb36/Ag2	179	204 ～ 219
Sn96.5/Pb3.5	221	241 ～ 251
Sn95/Ag5	221 ～ 245	265 ～ 275
Sn1/Pb97.5/Ag1.5	309	329 ～ 339
Sn100	232	252 ～ 262
Sn95/Pb5	232 ～ 240	260 ～ 270
Sn42/Bi58	139	164 ～ 179
Sn43/Pb43/Bi14	114 ～ 163	188 ～ 203
Au80/Sn20	280	300 ～ 310
In60/Pb40	174 ～ 185	205 ～ 215
In50/Pb50	180 ～ 209	229 ～ 239
In19/Pb81	270 ～ 280	300 ～ 310

续表

合金类型	熔化温度/℃	再流焊温度/℃
Sn37.5/Pb37.5/In25	138	163 ～ 178
Sn5/Pb92.5/Ag2.5	300	320 ～ 330

②根据助焊剂的活性可分为无活性（R）、中等活性（RMA）、活性（RA）。

③根据清洗方式可分为有机溶剂清洗型、水清洗型、免清洗型。

（3）焊膏使用注意事项。

①储存温度：建议在冰箱内储存温度为 5 ～ 10℃，不能低于 0℃。

②出库原则：必须遵循先进先出的原则，切勿造成锡膏在冷柜存放时间过长。

③解冻要求：从冷柜取出锡膏后自然解冻至少 4 个小时，解冻时不能打开瓶盖。

④生产环境：建议车间温度为（25 ± 2）℃，相对湿度在 45% ～ 65% RH的条件下使用。

⑤搅拌控制：取已解冻好的锡膏进行搅拌。机器搅拌时间控制约 3 分钟（视搅拌机转速而定），手工搅拌约 5 分钟，以搅拌刀提起锡膏缓慢流下为准。

⑥使用过的旧锡膏：开盖后的锡膏建议在 12 小时内用完，如需保存，需用干净的空瓶子装，然后再密封放回冷柜保存。

⑦放在钢网上的膏量：第一次放在钢网上的锡膏量，以印刷滚动时不要超过刮刀高度的 1/2 为宜，做到勤观察、勤加次数少加量。

⑧印刷暂停时：如印刷作业需暂停超过 40 分钟时，最好把钢网上的锡膏收在瓶子里，以免变干造成浪费。

⑨贴片后时间控制：贴片后的PCB板要尽快过回流炉，最长时间不要超过 12 个小时。

2. 模板/钢板

模板（Stencils），又称漏板、钢板，其作用是用于定量分配焊膏，它由铸铝框架、丝网、金属模板组成，如图 5-6 所示。

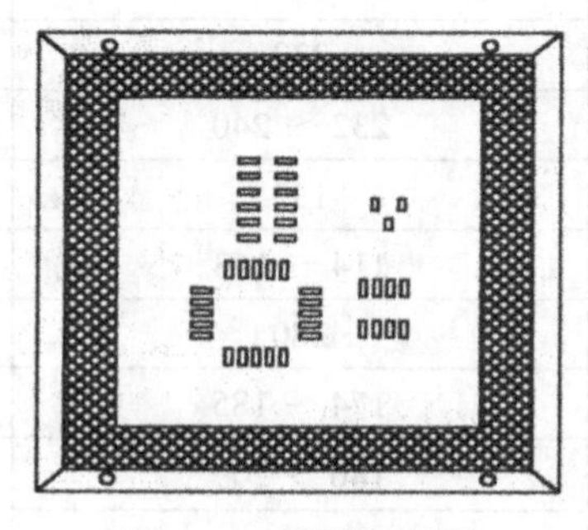

图 5-6 模板示意图

模板的制作方法有化学蚀刻法（chemical etch）、激光切割法（laser cutting）、电铸成型法（electroform）。

（1）化学蚀刻法（chemical etch）是采用化学腐蚀的方式，其特点是一次成型、速度较快和价格较便宜。缺点是易形成沙漏形状（蚀刻不够）或开口尺寸变大（过度蚀刻）；客观因素（经验、药剂、菲林）影响大，制作环节较多，累积误差较大，不适合细间距（fine pitch）模板制作；制作过程有污染，不利于环保。

化学蚀刻法工艺流程如图 5-7 所示。

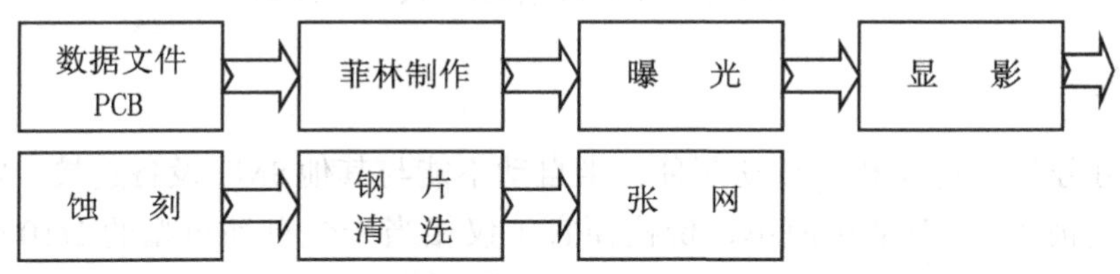

图 5-7　化学蚀刻法工艺流程

（2）激光切割法（laser cutting）是采用专用激光机进行切割，其特点是数据制作精度高、客观因素影响小，梯形开口利于脱模，可做精密切割，价格适中。缺点是逐个切割，制作速度较慢。

激光切割法工艺流程如图 5-8 所示。

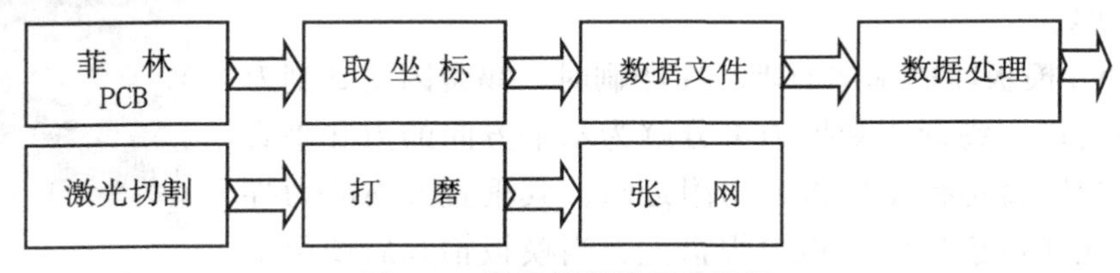

图 5-8　激光切割法工艺流程

（3）电铸成型法（electroform）是采用金属电铸来成型网板。其特点是孔壁光滑，特别适合超细间距模板制作。缺点是工艺较难控制，制作过程有污染，不利于环保，制作周期长且价格太高。

电铸成型法工艺流程如图 5-9 所示。

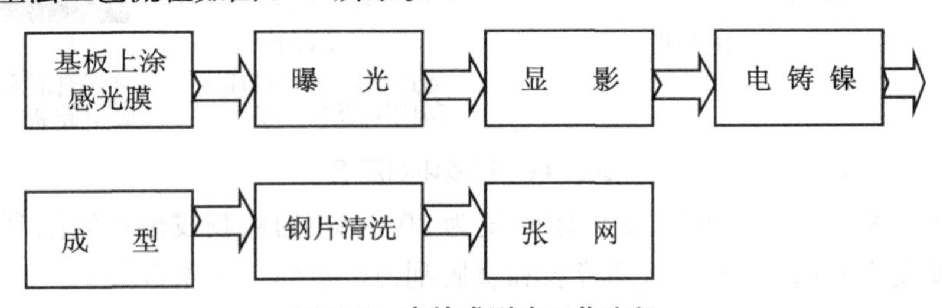

图 5-9　电铸成型法工艺流程

化学蚀刻法、激光切割法和电铸成型法制作模板各有特点，开口效果如图 5-10 所示。

（a） （b） （c）

图 5-10 三类模板的效果

（a）蚀刻模板 （b）激光模板 （c）电铸模板

3. 印刷机

印刷机可分为半自动和全自动两种，半自动不能与其他SMT设备连接，需要人为干预（例如传送板子），但结构简单、价格便宜（仅相当于全自动机型的1/10～1/5），适合科研院所使用。全自动印刷机（见图5-11）可连接SMT生产线，无须人为干预，自动化程度高，适用于规模化生产。

图 5-11 印刷机

（1）印刷机性能要求。好的印刷机工艺性能应具备充填性能好、脱版性能强和方便清洁，并具备高精度、精间隙、快节拍、稳定性高、可靠性强、智能化、安全性好、可维修性好和使用寿命长等特性。

（2）丝网/模板印刷基本原理。在印刷时，锡膏因受到刮刀的推力滚动前进。锡膏所受推力可分解为水平方向的力和垂直方向的力，当锡膏运行至模板窗口附近时，其垂直方向的力导致锡膏顺利地通过窗口沉到PCB焊盘上，当模板抬起后便留下精确的焊膏图形。模板印刷原理如图5-12所示。

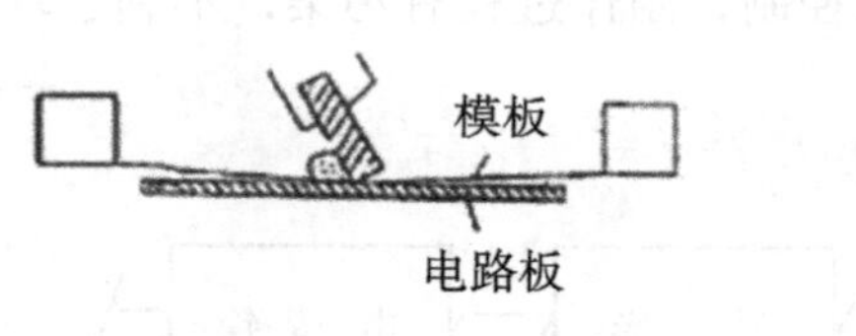

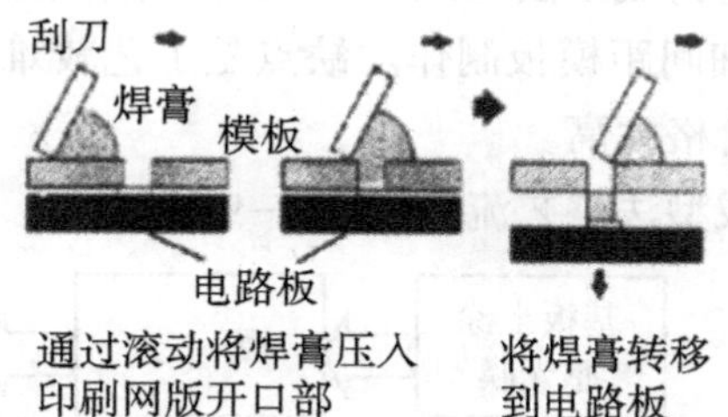

图 5-12 模板印刷原理

（3）工艺参数。丝网印刷通常使用硬度为70～90的橡胶或聚亚安酯刮板，模板印刷通常使用硬度为90以上的聚氨酯橡胶和金属刮刀。具体工艺参数如下：

刮刀速度：一般25～50 mm/s；细间距20～30 mm/s；超细间距10～20 mm/s。

刮刀角度：范围45°～75°；最佳60°～70°。

脱模速度：一般0.8～2.0 mm/s；细间距0.3～1.0 mm/s；超细间距0.1～0.5 mm/s。

5.2.2 贴片

贴片是通过吸取—位移—定位—放置等过程将SMD元器件快速、准确地贴放到PCB指定的焊盘位置上，这一任务主要由贴片机来完成。

1. 贴片机种类

贴片机是机－电－光以及计算机控制技术的综合体（见图 5-13）。目前生产贴片机的厂家众多，结构也各不相同，一般可分为高速机、中速机和多功能机。

图 5-13　贴片机

高速机用于贴装片式元件和小型的IC，多功能机主要用于贴装密间距、多引脚的IC和异型元件。中速机一般用于中规模IC，目前已很少采用。SMT生产线视组件元件数量、封装形式等因素通常采用 2 台以上贴片机协同工作，这样各司其职，有利于贴片机发挥出较高的贴片效率。

2. 贴片机的结构

目前贴片机结构大致可分为四种类型：动臂式、复合式、转塔式和大型平行系统。

（1）动臂式。动臂式又称“拱架式”，是传统的贴片机，具有较好的灵活性和精度，适用于大部分元件，高精度机器一般都是这种类型，但其速度无法与复合式、转塔式和大型平行系统相比。动臂式机器又分为单臂式和多臂式，单臂式是最早发展起来的，现在仍然使用多功能贴片机；在单臂式基础上发展起来的多臂式贴片机可将工作效率成倍提高，可交替对一块PCB进行安装。

（2）复合式。复合式机器是从动臂式机器发展而来，它集合了转塔式和动臂式的特点，在动臂上安装有转盘，像西门子公司的Siplace80S系列贴片机，有两个带有 12 个吸嘴的转盘。环球公司也推出了采用这一结构的贴片机，有两个带有 32 个吸嘴的旋转头，贴片速度达到每小时 60 000 片。从严格意义上来说，复合式机器仍属于动臂式结构。

由于复合式机器可通过增加动臂数量来提高速度，具有较大灵活性，因此它的发展前景被看好，如西门子的HS50机器就安装有4个这样的旋转头，贴装速度可达每小时5万片。

（3）转塔式。元件送料器放于一个单坐标移动的料车上，基板（PCB）放于一个*X-Y*坐标系统移动的工作台上，贴片头安装在一个转塔上，工作时，材料车将元件送料器移动到取料位置，贴片头上的真空吸料嘴在取料位置取元件，经转塔转动到贴片位置（与取料位置成180°），在转动过程中经过对元件位置与方向的调整，将元件贴放于基板上。

一般在转塔上安装有十几到二十几个贴片头，每个贴片头上安装2～4个真空吸嘴至5～6个真空吸嘴。由于转塔的特点，将动作细微化，选换吸嘴、送料器移动到位、拾取元件、元件识别、角度调整、工作台移动、贴放元件等动作都可以在同一时间周期内完成，所以实现真正意义上的高速度。

由于转塔式机器的高速度适合于大批量生产，主要应用于大规模的计算机板卡、移动电话、家电等产品的生产上，这是因为在这些产品当中，阻容元件特别多、装配密度大。

（4）大型平行系统。大型平行系统使用一系列小的单独的贴装单元。每个单元有自己的丝杆位置系统，安装有相机和贴装头。每个贴装头可吸取有限的带式送料器，贴装PCB的一部分，PCB以固定的间隔时间在机器内步步推进。单独的各个单元机器运行速度较慢。可是，它们连续的或平行的运行会有很高的产量。如Philips公司的FCM机器有16个安装头，实现了0.037 5秒/片的贴装速度，但就每个安装头而言，贴装速度在0.6秒/片左右，仍有大幅度提高的可能。这种机型也主要适用于规模化生产。

一般来说，动臂式机器的安装精度较好，安装速度为每小时5 000～20 000个元件。复合式和转塔式机器的组装速度较高，一般为每小时20 000～50 000个。大型平行系统的组装速度最快，每小时可达50 000～100 000个。

3. 贴片机工作过程

贴片机工作是非常复杂的过程，在计算机的统一管理下各部分协调完成，主要包括4个主要工作环节，即元件拾取、元件检查、元件传送和元件放置。

（1）元件拾取（component pick-up）。元件拾取是由吸嘴从供料器吸住元件并进行角度调整的过程。具体是旋转头移动至元件拾取位置，Z轴快速下降到安全间隙的位置，元件与贴装吸嘴接触，通过传感器反馈启动真空阀，用真空负压的方式吸住SMD元件，在此同时，完成Z轴位置储存和Z轴位置在线校准。图5-14是供料器示意图，图5-15是贴片头示意图。

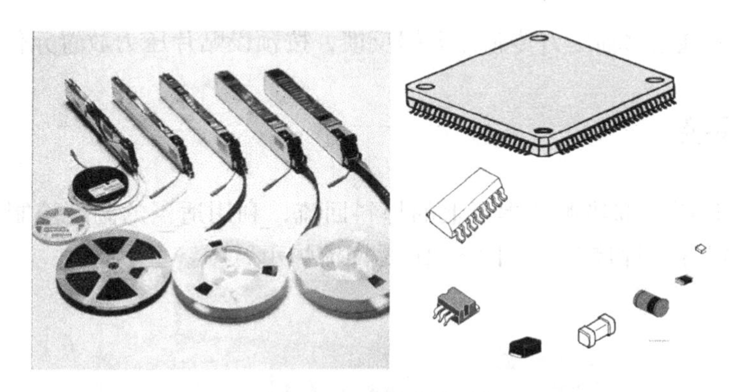

图 5-14　供料器示意

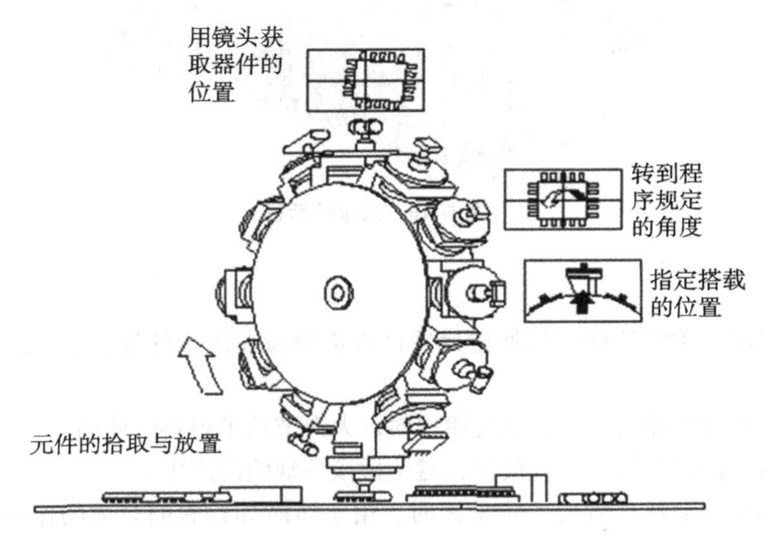

图 5-15　贴片头示意

（2）元件检查（component check）。元件检查过程是检查元件是否被拾取到并与标准数据库进行比较。主要内容包括元件至视觉摄像头直下方，摄像头成像，视觉系统把所成图像数据同标准数据（来自于标准元件库）比较，确认元件位置（包括 $X-Y$ 坐标及角度），并计算补偿值。贴装时进行 $X-Y$ 坐标及角度的补偿并对下一次取料位置作预先优化。

（3）元件传送（component transport）。元件传送是通过贴片头及PCB相互移动，使SMD元件到达PCB的指定位置。主要是将器件经光学检查后到达角度驱动位置，由角度驱动机构进行贴片角度的达成，所有吸嘴的元件被吸取后，在贴装前均完成贴片角度的设定，贴片头移至贴片位置，结合 $X-Y$ 坐标的补偿位置进行贴装，并就 $X-Y$ 坐标及角度的补偿值对下一工序进行预处理。

（4）元件放置（component placement）。元件放置是使元件准确地放在PC指定位置的过程。主要包括贴片头移至贴片位置上方，进行真空检测，以确认器件是否吸附良好。Z 轴快速下降，考虑器件高度并到达安全间隙，Z 轴下降加速度减小，与PCB接触和感知

PCB的翘曲程度并通过Z轴压力传感器数据反馈，按预设贴片压力放置元件。

5.2.3 回流焊接

回流焊接是利用外部热源使焊盘上的焊料回流，利用适当的温度控制，达到焊接要求而进行的成组或逐点焊接工艺。图 5-16 是回流炉示意图。

图 5-16 回流炉示意

1. 特点

（1）回流焊不用像波峰焊那样把元器件直接浸渍在熔融的焊料中，故元器件所受到的热冲击小。

（2）回流焊仅在需要的部位上使用焊料，大大节约了焊料的使用。

（3）回流焊能控制焊料的施放量，避免桥接等缺陷的产生。

（4）当元器件贴放位置有一定偏离时，由于熔融焊料表面张力的作用，只要焊料位置放正确，回流焊就能在焊接时将此微小偏差自动纠正，使元器件固定在正确的位置。

（5）可采用局部加热热源，从而可在同一基板上用不同的回流焊接工艺进行焊接。

（6）焊料中一般不会混入不纯物，在使用焊膏进行回流焊接时可以正确地保证焊料的组成。

2. 分类

回流焊接技术按照加热方式不同，分为气相回流焊、红外回流焊、激光回流焊，热风回流焊、红外热风回流焊等。

（1）气相回流焊。利用加热高沸点液体作为转换介质，使其沸腾后产生饱和蒸汽，遇到冷却被焊元器件放出气化潜热，从而使被焊元器件本身升温而实现被焊元器件加热的焊接方式。气相回流焊能很好地控制最高温度，使整个组件有良好的温度均匀性，能在一个实际无氧化的环境中进行焊接，加热与组件的几何形状相对无关。缺点是介质液体及设备的价格高，过热的流体会分解成有毒的化合物。

（2）红外回流焊。红外回流焊机主要是以红外线辐射的方式实现被焊元器件加热的焊接方式，其优点是热效率高，温度陡度大，双面焊接时PCB上、下温度易控制。其缺点是温度不均匀，在同一块PCB上由于器件的颜色、材料和大小不同对红外线辐射的热吸收率存在着很大的差异，因此造成PCB上各种不同元件之间，以及相同元件不同区域之间存在温度不均匀现象。

（3）激光回流焊。利用激光束直接照射焊接部位，焊点吸收光能转变成热能，加热焊接部位使焊料熔化从而实现被焊元件加热的焊接方式。激光回流焊可快速在焊接部位局部加热，实现多引脚细间距器件的可靠焊接。

（4）热风回流焊。热风回流焊是通过对流喷射管嘴或耐热风机来迫使炉内热气流循环，从而实现被焊元件加热的焊接方式。该加热方式使PCB上元器件的温度接近设定的加热温区的气体温度，因而温度均匀、焊接质量好。缺点是PCB上、下温差以及沿焊接炉长度方向温度的梯度不易控制。

（5）红外热风回流焊。红外热风回流焊是在红外线加热的基础上追加了热风循环，通过红外线和热风的双重作用来实现被焊元件加热的焊接方式。该加热方式使炉内的温度更均匀，充分利用了红外线穿透能力强、热效率高、能耗低的特点，同时有效地克服了红外线加热方式的温差和屏蔽效应，弥补了热风加热方式对气体流动速度要求过快而造成的不良影响。

3. 回流焊温度曲线与工艺分区

（1）回流焊温度曲线。回流焊炉的温度控制是通过温度曲线实现的，温度曲线是保证焊接质量的关键。典型温度曲线如图 5-17 所示。

设置回流焊温度曲线的依据如下：

①根据使用焊膏的温度曲线进行设置。不同金属含量的焊膏有不同的温度曲线，应按照焊膏生产厂商提供的温度曲线进行设置具体产品的回流焊温度曲线。

②根据PCB板的材料、厚度、是否多层板、尺寸大小等进行设置。

③根据表面组装板上元器件的密度，元器件的大小以及有无BGA、CSP等特殊元器件进行设置。

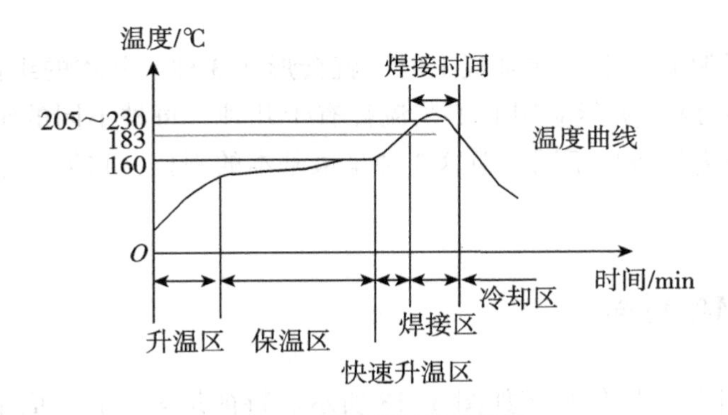

图 5-17 回流焊的温度曲线

④根据设备的具体情况，例如加热区的长度、加热源的材料、回流焊炉的构造和热传导方式等因素进行设置。

（2）焊接过程。在回流焊接过程中，焊膏需经过以下几个阶段：溶剂挥发、焊剂清除焊件表面的氧化物、焊膏的熔融、再流动以及焊膏的冷却、凝固。根据回流焊温度曲线分4个阶段完成。

①预热阶段。使PCB和元器件预热并达到平衡，同时除去焊膏中的水分、溶剂，以防焊膏发生塌落和焊料飞溅。要保证升温比较缓慢，使溶剂挥发。同时焊膏中的助焊剂润湿焊盘、元器件端头和引脚，焊膏软化、塌落、覆盖了焊盘，将焊盘、元器件引脚与氧气隔离。升温过快会造成对元器件的伤害，如会引起多层陶瓷电容器开裂，同时还会造成焊料飞溅，使在整个PCB的非焊接区域形成焊料球或焊料不足的焊点。

②保温阶段。保证在达到再流温度之前焊料能完全干燥，同时还起着焊剂活化的作用，清除元器件、焊盘、焊粉中的金属氧化物。时间约为60～120 s，根据焊料的性质有所差异。

③再流焊阶段。焊膏中的焊料使金粉开始熔化，再次呈流动状态，液态焊锡对PCB的焊盘，元器件端头和引脚润湿、扩散、漫流或回流混合形成焊锡接点。大多数焊料润湿时间为60～90 s。再流焊的温度要高于焊膏的熔点温度，一般要超过熔点温度20℃才能保证再流焊的质量。有时也将该区域分为两个区，即熔融区和再流区。

④冷却阶段。焊料随温度的降低而凝固，使元器件与焊膏形成良好的电和机械接触。

5.3　表面组装的类型及工艺制程

组装好的SMC/SMD的电路基板称为表面组装组件（简称SMA）。在不同的应用场合对SMA的安装密度、功能和可靠性等方面有不同的要求，只有采用不同的方式进行组装才能满足这些要求。

当把有源和无源元件贴装在基板上时，就会形成3种最基本的组件，即Ⅰ型SMA、Ⅱ型SMA、Ⅲ型SMA。实际应用的工艺流程有十几种，每种不同的组装类型，工艺制程会有所不同，所需设备也不同。但这3种是最基本的制程，它集中体现了SMT的主要特征。

5.3.1　Ⅰ型SMA制程

Ⅰ型SMA组件的元器件分布如图5-18所示。特征是只含有表面组装元器件，它们可以是单面组装，也可以是双面组装。该类SMA采用锡膏——回流焊工艺。

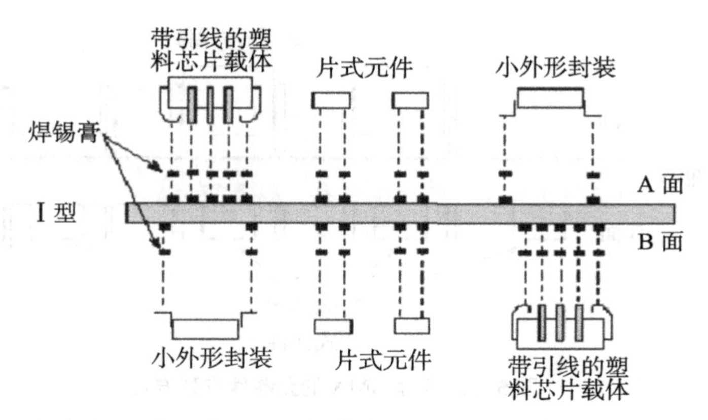

图 5-18　Ⅰ型 SMA 组件的元器件分布

1. 单面组装

单面组装是指在印制电路板的一面贴装元器件，其制程如图 5-19 所示。

来料检测 → 丝印焊膏（点贴片胶）→ 贴片 → 烘干（固化）→ 回流焊接 →

清洗 → 检测 → 返修

图 5-19　Ⅰ型单面组装工艺流程

2. 双面组装

双面组装是指在印制电路板的两面贴装元器件，如两面均贴装有PLCC等较大的SMD时采用的制程如图 5-20 所示。

来料检测 → PCB 的 A 面印焊膏 → 贴片 → 烘干（固化）→ A 面回流焊 →

清洗 → 翻板 → PCB 的 B 面丝印焊膏 → 贴片 → 烘干 → 回流焊（最好仅对

B 面）→ 清洗 → 检测 → 返修

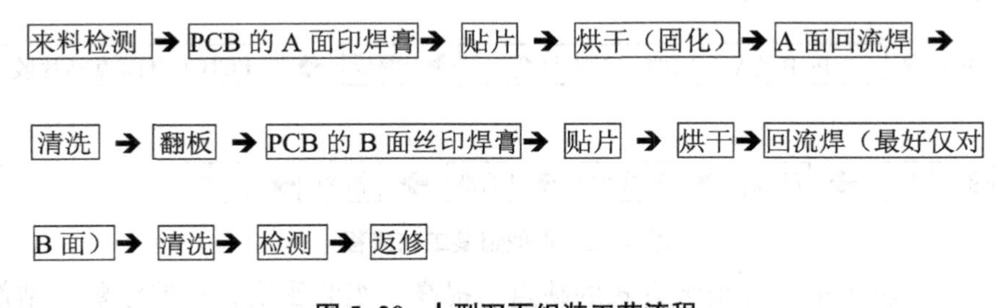

图 5-20　Ⅰ型双面组装工艺流程

5.3.2　Ⅲ型 SMA 制程

Ⅲ型SMA的元器件排列方式如图 5-21 所示。其特点是PCB上既有表面安装元件又有通孔安装的元器件，Ⅲ型SMA采用波峰焊工艺焊接。带PN结的半导体器件不能直接经过波峰焊，Ⅲ型SMA中的半导体器件只能是通孔安装器件，且要排列在A面，B面（即通孔元器件的底面）只能排列电阻、电容，而不能排列集成电路。

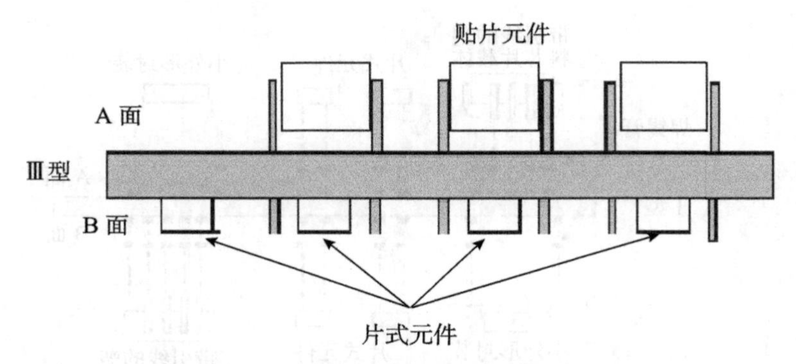

图 5-21 Ⅲ型 SMA 的元器件排列方式

Ⅲ型SMA采用贴片-波峰焊工艺。这类型SMA的工艺又分成先贴法和后贴法两种。当SMD元件多于分离元件时，采用先贴后插制程，即先在电路板 B 面贴SMC，而后在 A 面插装THC。制程如图 5-22 所示。

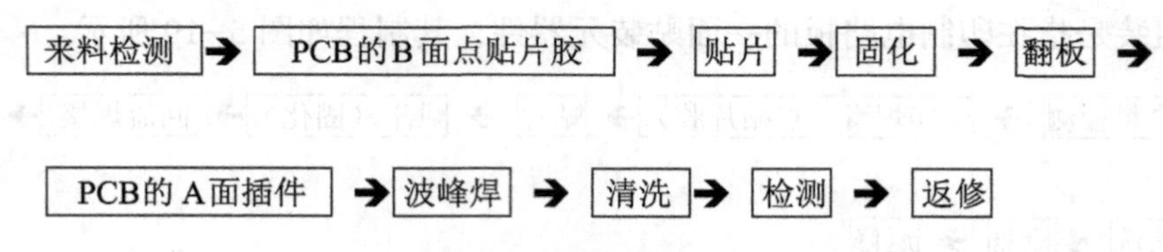

图 5-22 Ⅲ型组装工艺流程

其工艺特点是操作简单，但需留下插装THC弯曲引线的操作空间，因此组装密度低，另外，插装THC时容易碰着已贴装好的SMC，引起SMC损坏或受机械振动而脱落。为了避免这种危险，要求黏结剂应具有较高的黏结强度，以耐机械冲击。

当分立元件多于SMD元件时，采用先插后贴。即先在PCB的A面插装THC，然后在PCB的B面贴SMC，工艺制程如图 5-23 所示。

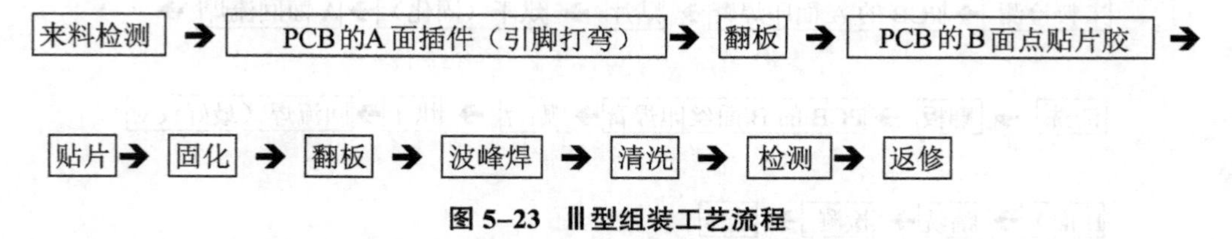

图 5-23 Ⅲ型组装工艺流程

这种工艺克服了第一种组装方式的缺点，提高了组装密度，但要涂敷黏结剂。Ⅲ型SMA多采用后一种工艺。

5.3.3 Ⅱ型 SMA 制程

Ⅱ型SMA的器件排列方式见图 5-24，其特点是A面混装，B面贴装。B面不包含任何表面安装的半导体器件SMD，在底面只有分立的表面组装无源元件（SMC）。

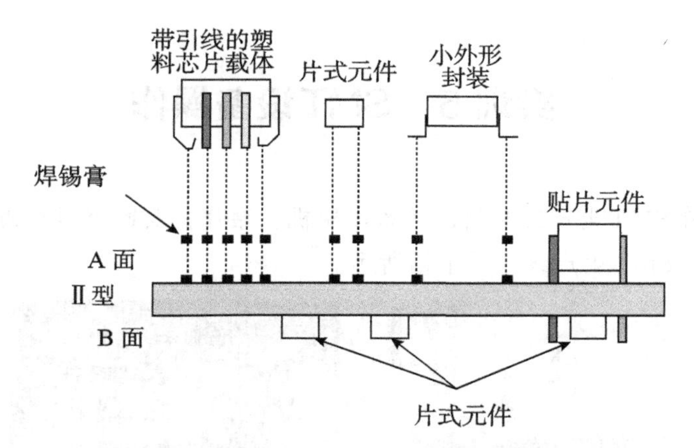

图 5-24　Ⅱ型 SMA 的器件排列方式

当SMD元件多于分立元件时，可先贴后插，制程如图 5-25 所示。

工艺要点是先贴后插，A面回流焊，B面波峰焊。

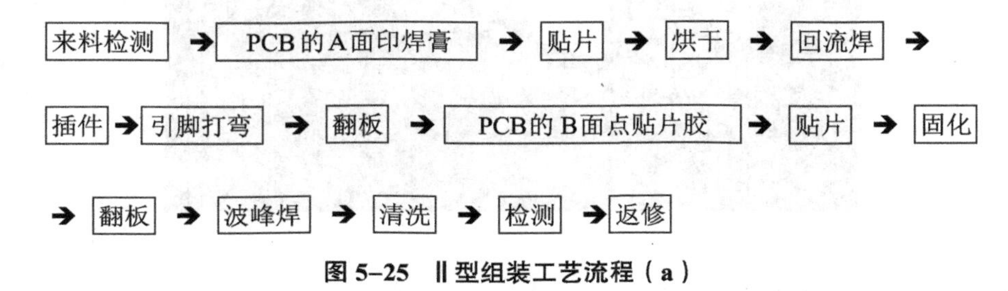

图 5-25　Ⅱ型组装工艺流程（a）

也可以采用如图 5-26 所示的制程：

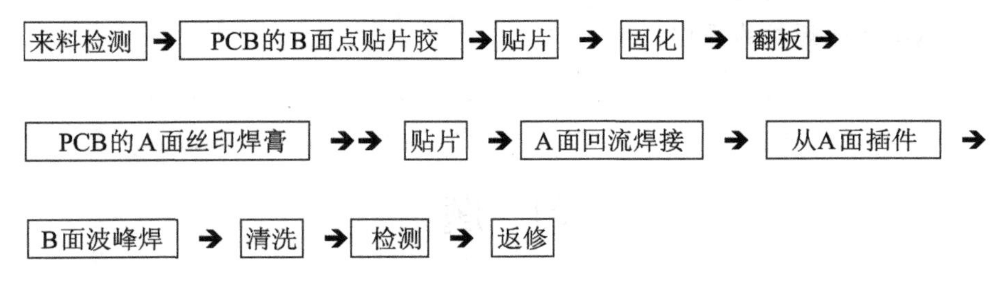

图 5-26　Ⅱ型组装工艺流程（b）

Ⅱ型SMA工艺的特点是充分利用PCB双面空间，实现了安装面积最小化，并仍保留通孔元件价廉的优点，多用于消费类电子产品的组装。

实训5　SMT设备操作

目的：通过在SMT生产线实训，熟悉印刷机、贴片机及回流焊炉的操作。

设备与器材：SMT生产线，见下图所示。

内容：熟悉印刷机的操作。

熟悉贴片机的操作。

熟悉回流焊炉的操作。

习　题

（1）表面组装技术有哪些特点？

（2）SMT工艺构成要素主要包括哪些？

（3）焊膏的主要成分及作用是什么？

（4）简述模板的制造方法及其优缺点。

（5）简述焊膏印刷的基本原理。

（6）简述贴片机的作用及其工作过程。

（7）常用回流焊炉的加热方式有哪几种？

（8）根据回流焊温度曲线，说明回流焊接过程。

（9）说出Ⅱ型SMA典型工艺流程。

单元6　表面安装组件手工焊接与返修

SMT组件的组装方法有两种，一种是手工贴装，一种是SMT生产线组装。虽然在企业大批量生产时都采用先进的SMT生产线组装，然而在SMT组件返修时，或在新样机的试制阶段，都需要手工贴装技术，因此，手工贴装和SMD的返修技术是必需的。同时通过手工贴装可以深刻理解SMT组件的工艺标准。

本章主要介绍表面安装组件的手工焊接技术、表面组装组件的返修技术、表面安装组件工艺标准等内容，并安排了表面安装组件的手工组装训练。

学习目标

1. 理论部分

◇表面安装组件的手工焊接技术；

◇表面组装组件的返修技术；

◇表面安装组件工艺标准。

2. 实训部分

◇表面安装组件的手工焊接；

◇表面组装组件的返修。

6.1　表面安装组件的手工焊接技术

表面组装元件从引脚形状上主要分为可焊端引脚、L型引脚、J型引脚及球型引脚，不同形状的引脚或器件采用的焊接材料、焊接方法和焊接手段都不一样。一般器件采用较细的焊接丝和低功率烙铁，而对于像BGA、CSP、倒装芯片等则要采用半自动化设备来完成。

6.1.1 CHIP 元件和 MELF 元件手工焊接方法

CHIP元件和MELF元件属于可焊端元件，两个可焊端就是它们的引脚，标准焊点如图 6–1 所示，手工焊接的方法如图 6–2 所示，具体步骤如下：

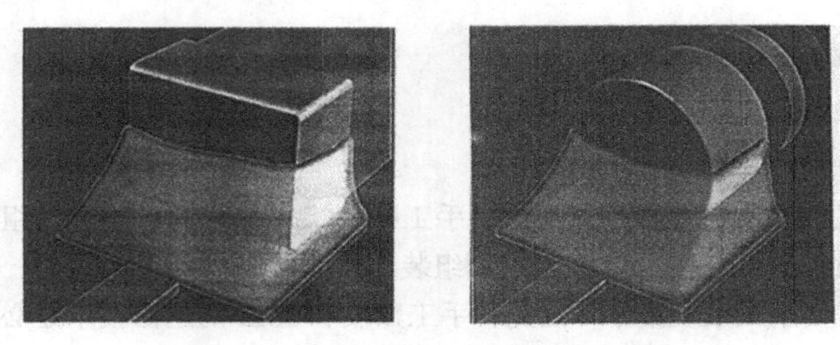

图 6–1　CHIP（MELF）元件的标准焊点

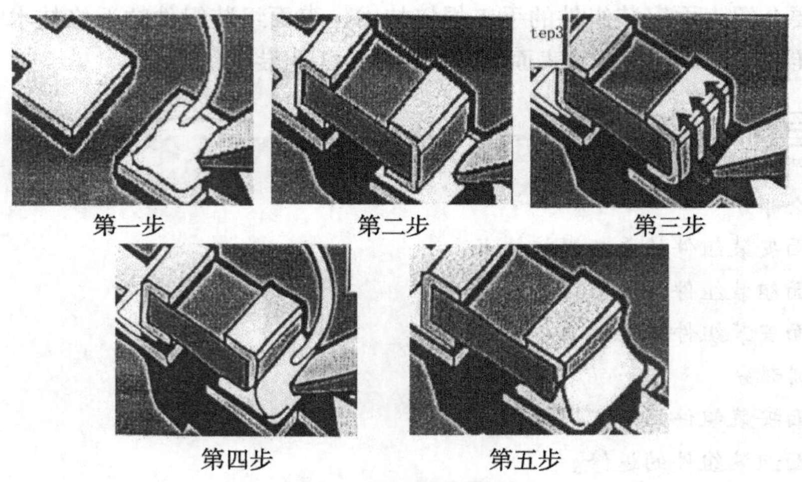

图 6–2　焊接步骤及方法

（1）预加焊锡。烙铁头放在两个焊盘中的一个焊盘上预热，然后焊锡丝放在焊盘熔化，注意焊锡量不能太多。

（2）固定元器件。用镊子将元器件放在两焊盘中央位置，烙铁头放在已上好焊锡的一端焊盘上熔化焊锡，然后冷却固定元件。注意该过程镊子要夹紧元件并紧贴PCB，手不要抖动。

（3）预热。将烙铁头放在没加焊锡的一端焊盘上，注意该过程烙铁头和焊锡丝不要接触元器件。

（4）加焊锡并冷却。将焊锡丝放在加热的焊盘上熔化，待焊点充分润湿后拿走焊锡丝并迅速将烙铁头移开，等待冷却。注意该过程焊锡丝不要接触元器件和烙铁头。

（5）焊接另外一端。在预加焊锡的一端重复步骤 3 和 4。

6.1.2　L 型引脚元件手工焊接方法

L 型或鸥翼型引脚元件，其标准焊点如图 6–3 所示。

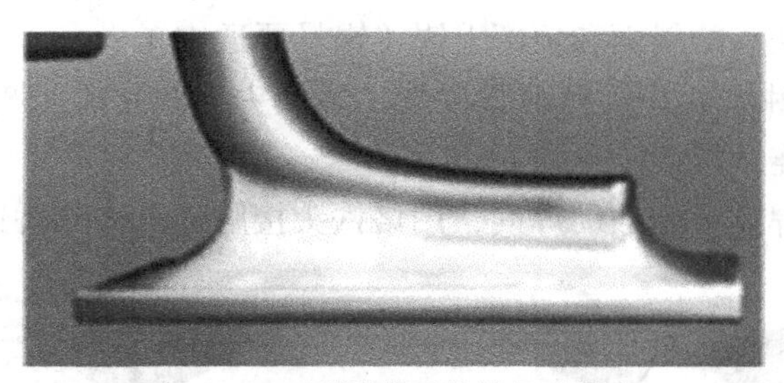

图 6–3　L 型引脚元件的标准焊点

L 型引脚元件在脚间距较大的情况下一般可采用单引脚分别焊接，如引脚间距过小（密间距器件和超密间距器件）通常采用拉焊技术，即一排引脚一起拖拉焊接。不同的焊法采用 Tip 形状也不一样。

1. 单个引脚焊接

（1）将芯片放置在焊盘上并使每个管脚与焊点对中。

（2）用超细烙铁头将芯片对角的两个管脚焊牢。

（3）对其余的管脚进行焊接。

①将焊锡丝沿管脚根部放置，然后用扁铲形烙铁头沿管脚根部向外移动，待焊锡熔化并在引脚润湿后使烙铁头脱离芯片（见图 6–4）。

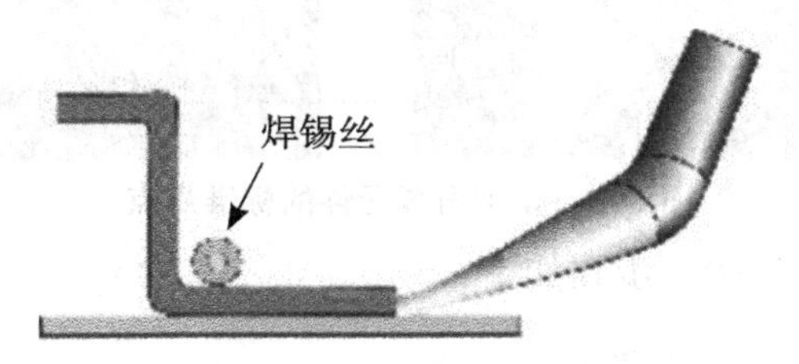

图 6–4　焊锡丝放置位置

②将焊锡丝沿管脚根部放置，然后用烙铁头接触每一个管脚的顶端进行一个一个管脚的焊接（见图 6–5）。

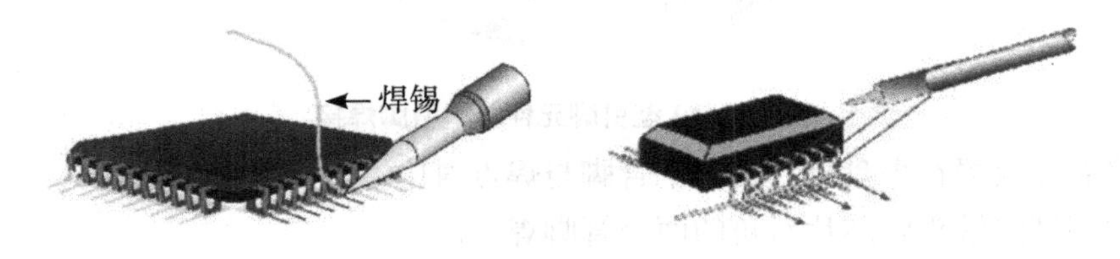

图 6–5　管脚焊接

2. 拉焊

拉焊步骤如下：

（1）涂覆助焊剂在管脚上。

（2）给马蹄形烙铁头的斜面和顶部上锡（锡量要适中）。

（3）将烙铁头接触焊盘并接触管脚顶端，烙铁头与芯片成 45° 夹角，接触焊点沿管脚排列方向移动进行连续焊接（见图 6-6）。

（4）如果有桥连焊点，施加助焊剂，用烙铁头接触焊点去除桥连（见图 6-7）。

图 6-6　连续焊接

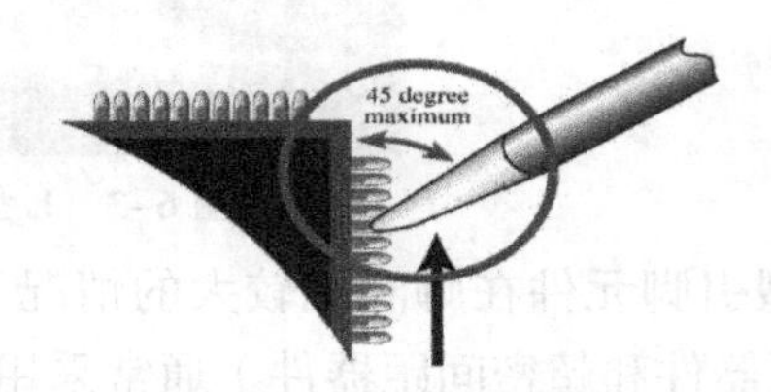

图 6-7　去除桥连焊点

6.1.3　J 型引脚元件手工焊接方法

J 型引脚元件的标准焊点如图 6-8 所示。

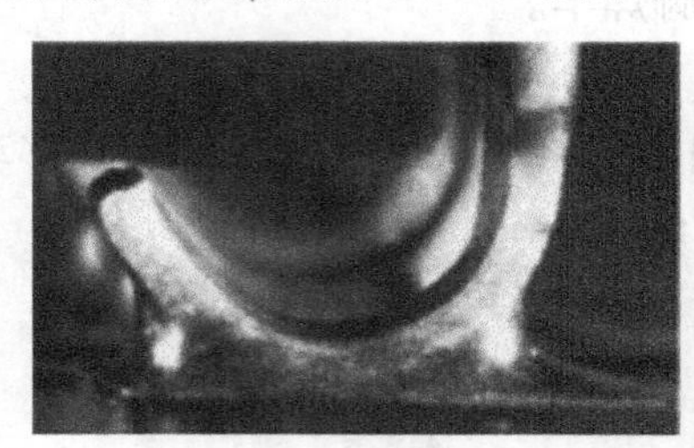

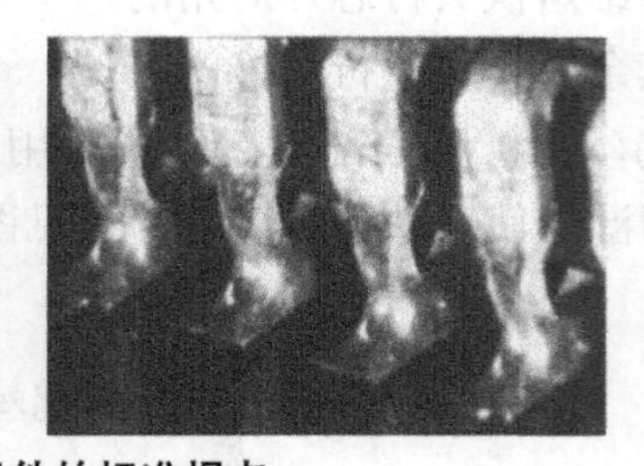

图 6-8　J 型引脚元件的标准焊点

单个引脚焊接（见图 6-9）步骤如下：

图 6-9　J 型引脚元件单个引脚焊接

（1）将芯片放置在焊盘上并使每个管脚与焊点对中。

（2）用超细烙铁头将芯片对角的两个管脚焊牢。

（3）将焊锡丝沿管脚根部放置，然后用烙铁头在每个焊盘上加热进行一个一个管脚的焊接。

6.1.4　密间距引脚元件手工拉焊

密间距引脚元件手工拉焊（见图 6–10）步骤如下：

（1）对引脚施加助焊剂。

（2）给马蹄形烙铁头的斜面和顶部上锡（锡量要适中）。

（3）用马蹄形烙铁头的边沿接触管脚和焊盘的交接处，并沿管脚排列方向移动，会看到每个焊点的熔锡状态。

（4）如果有桥连焊点，可施加助焊剂，用烙铁头接触焊点去除桥连。

图 6–10　密间距引脚元件手工拉焊

6.2　表面组装组件的返修技术

由于表面组装元器件固有的特征和实际表面组装工艺的不一致性，使得表面组装组件的合格率不可能达到 100%，总会有些组件在最终测试中发现不合格，需要进行返修。返修就是使不合格的电路组件修复成与设计要求一致的合格的电路组件。

SMA 返修通常是为了去除失去功能、损坏引线或排列错误的元器件，重新更换新的元器件而进行的。为了完成返修就要采用安全而有效的方法和合适的工具，所谓安全是指返修过程中，不会损坏返修部分的器件和相邻的器件，同时对操作人员也不会有伤害，所以在返修操作之前必须对操作人员进行技术和安全培训。

6.2.1　常用返修工具

1. 各种形式的烙铁头

各种形式的烙铁头如图 6–11 所示。

（1）镊型烙铁头。镊型烙铁具有很好灵活性，用一对镊型烙铁头就可拆除多种元器件（见图 6–12）。

图 6–11　各式烙铁头

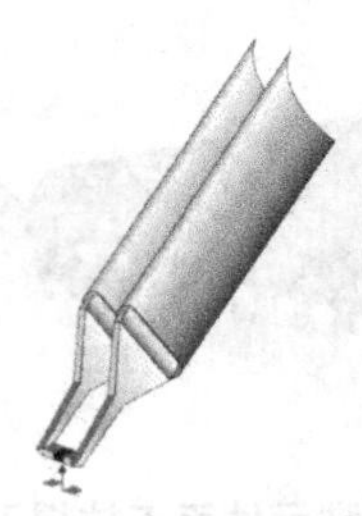

图 6–12　镊型烙铁头

（2）扁铲式烙铁头。扁铲式烙铁头用来平整焊盘、清除残留焊锡（见图 6–13）。

（3）方形烙铁头。主要拆除四边形元件，如QFP、PLCC（见图 6–14）。

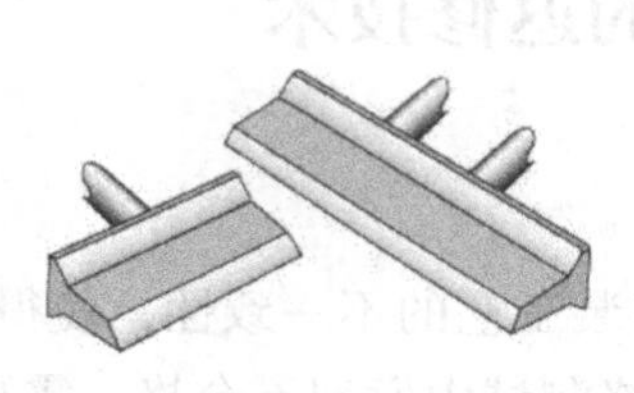

图 6–13　扁铲式烙铁头

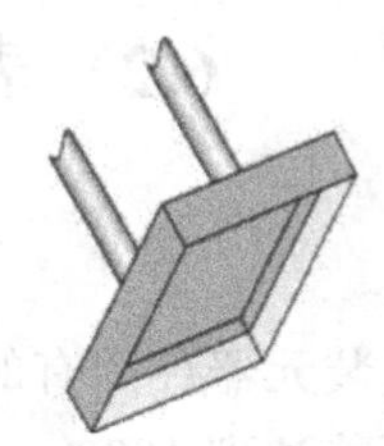

图 6–14　方形烙铁头

（4）隧道式烙铁头。主要用来拆除两边引脚的芯片，如SOJ、SOL、TSOP（见图 6–15）。

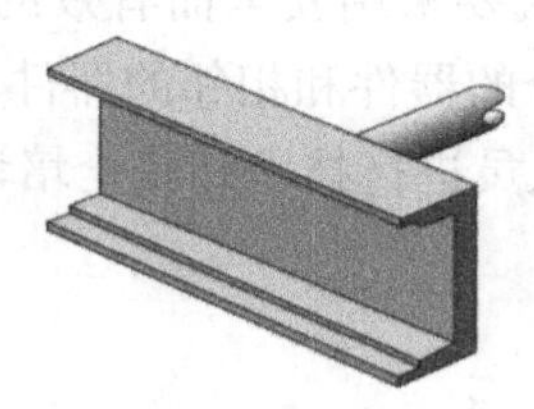

图 6–15　隧道式烙铁头

2. 热风枪

热风枪主要由气泵、线性电路板、气流稳定器、外壳、手柄组件组成。热风枪可大幅度调节空气量及温度，可拆除QFP、SOP及PLCC等芯片，可用于取焊大的元件（IC）或功率较大、散热较快的元件。使用时先根据待处理元件的种类调好风力和温度，再将待处理元件的周围用耐高温胶布遮好，然后用热风枪均匀地反复吹各面的引脚，待熔料完全熔化后，用镊子轻轻试探，当元件能整个移动时，取下元件并翻身放在工作台上，最后关闭热风枪。

热风枪拆焊过程（见图 6-16）：①真空吸引器及热风罩放置于想拔取的IC上；②使用热风枪升高周围温度；③当温度升高到一定程度，焊锡便自动熔化，IC元件即被真空吸取器吸附上来。

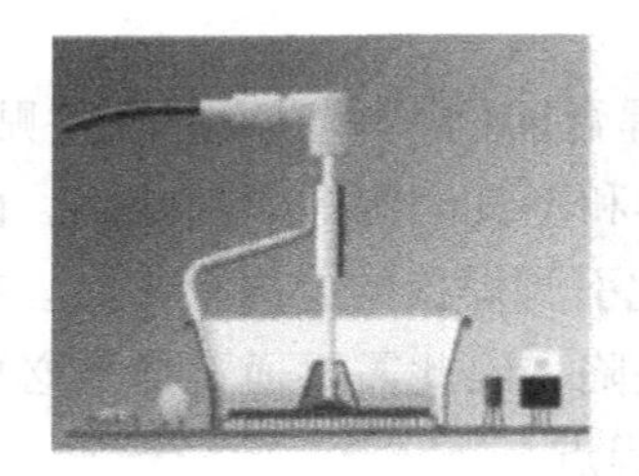
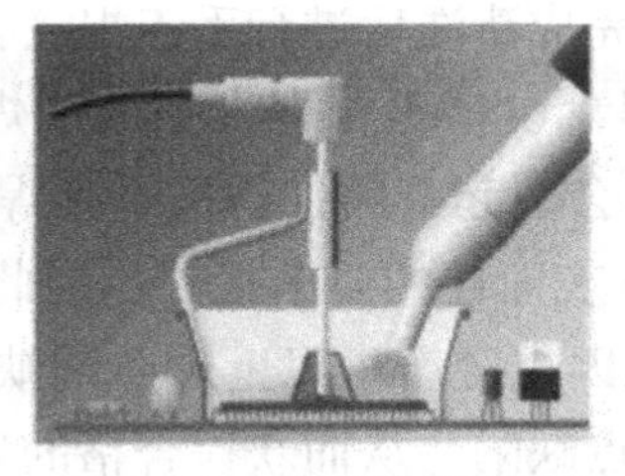
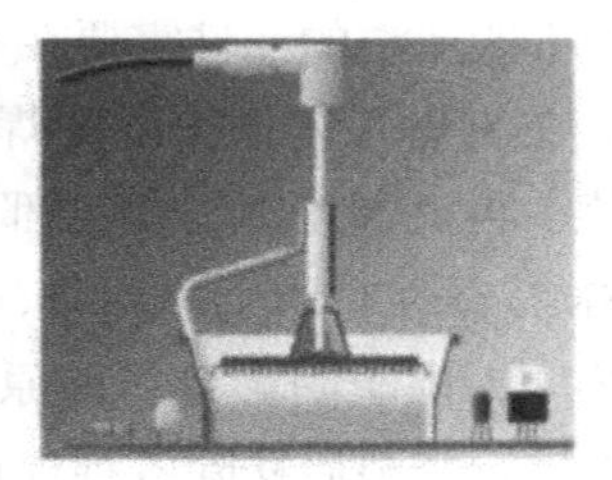

图 6-16　热风枪拆焊过程

3. BGA返修系统

普通热风SMD返修系统采用非常细的热气流聚集到表面组装器件（SMD）的引脚上，使焊点熔化或使焊膏回流以完成拆卸或焊接功能。拆卸同时使用一个装有弹簧和橡皮吸嘴真空机械装置，当全部焊点熔化时将SMD器件轻轻吸起来。热风SMD返修系统的热气流是通过可更换的各种不同规格尺寸的热风喷嘴来实现的。由于热气流是从加热头四周出来的，因此不会损坏SMD以及基板周围的元器件，可以比较容易地拆卸或焊接SMD。

不同厂家返修系统的相异之处主要在于加热源或热气流方式不同。有的喷嘴使热风在SMD器件的四周和底部流动，有一些喷嘴只将热风喷在SMD的上方。从保护器件的角度考虑，应选择气流在SMD四周和底部流动的比较好，为防止PCB翘曲，还要选择有对PCB底部进行预热功能的返修系统。

由于BGA的焊点在器件底部是看不见的，因此重新焊接BGA时要求返修系统配有分光视觉系统（或称为底部返修光学系统）以保证贴装BGA时精确对中（见图 6-17）。

图 6-17　SMD 返修系统

6.2.2 SMD返修工艺

由于电子设备尺寸的小型化，尺寸更小的元器件的应用越来越广泛。随着每一代更小型化、更大功率的电子产品的出现，返工与修理电子组件都会面临新的挑战。

1. 返修目的

（1）由于设计和工艺要求，有的元器件需要在完成再流焊或波峰焊后进行手工焊接，还有一些不能清洗的元件需要在完成清洗后进行手工焊接。

（2）在流焊工艺中，由于焊盘设计不合理，不良的焊膏印刷、不正确的元件贴装、焊膏塌落、再流焊不充分等，都会引起开路、桥接、虚焊和不良润湿等焊点缺陷。由于窄间距SMD器件对印刷、贴装、表面性的要求很高，因此引脚焊接的返修很常见。在波峰焊工艺中，由于阴影效应等原因也会产生以上焊点的缺陷，因此需要通过借助必要的工具手工进行修整后祛除各种焊点缺陷，从而获得合格的焊点。

（3）补焊漏贴的元器件。

（4）更换贴错位置以及损坏的元器件。

（5）在线测试或功能测试以及单板和整机调试后也有一些需要更换的元器件。

2. 返修工艺

器件返修工艺主要包括拆除旧器件、去锡清理、更换元器件及清洁检查等过程。

（1）拆卸。拆卸器件要对元件周围做好防高温保护，采用适当返修工具均匀加热元件引脚的焊锡，待焊锡熔化后取下元件。如果元件再用，应对元件的引脚进行整形复原。

（2）去锡清理。用吸锡绳等辅助材料去除元件引脚与焊盘上的焊锡残留，并用清洁剂清洁焊盘表面。

（3）安装。确认好元件的极性，加适量助焊剂，根据不同的元件引脚类型选择不同的焊接工具进行焊接。

（4）清洁检查。用清洗剂对焊好的元件引脚进行清洗，根据IPC标准对元件进行检查。

3. 各种元件的拆焊方法

（1）小元件的拆卸和焊接。对电阻、电容等小元件，一般使用热风枪进行拆卸和焊接（焊接时也可使用电烙铁），在拆卸和焊接时一定要掌握好风力、风速和风向。操作不当，不仅会将小元件吹跑，而且容易将周围无关的小元件也吹动位置或吹跑。

①小元件的拆卸。将线路板固定在维修平台上，打开带灯放大镜，仔细观察欲拆卸的小元件的位置；用小刷子将小元件周围的杂质清理干净，往小元件上加注少许松香水；安装好热风枪的细嘴喷头，打开热风枪电源开关，调节热风枪温度开关在2～3挡，风

速开关在 1 ～ 2 挡；一只手用镊子夹住小元件，另一只手拿稳热风枪手柄，使喷头与欲拆卸的小元件保持垂直，距离为 2 ～ 3 cm，对元件均匀加热，喷头不可接触小元件；待小元件周围焊锡熔化后用小指钳将小元件取下。

②小元件的焊接。用镊子夹住欲焊接的小元件放置到焊接的位置，注意要放正，不可偏离焊点，若焊点上焊锡不足，可用电烙铁在焊点上加注少许焊锡；打开热风枪电源开关，调节热风枪温度开关在 2 ～ 3 挡，风速开关在 1 ～ 2 挡；使热风枪喷头与欲拆卸的小元件保持垂直，距离为 2 ～ 3 cm，对小元件均匀加热；待小元件周围焊锡熔化后移走热风枪喷头；焊锡冷却后松开镊子；用无水酒精将小元件周围的松香清理干净。

（2）SOP 型封装集成电路的拆焊。这种封装的芯片引脚分两边排列且数目不多（28 脚以下），所以拆卸和焊接都比较方便，但它与两脚的电阻、电容等小元件相比，其拆焊的难度却又要大些。

①拆卸方法。可用热风枪，也可用电烙铁进行拆卸。对于脚位数目较多且脚位间距较大的IC，用电烙铁不方便，一般使用热风枪进行拆卸。将风力调到适当挡位，风嘴沿IC两边焊脚上移动加热，当焊锡熔化时，就可用镊子取下IC了。

有些IC因其在主板上的位置比较特殊，不能用热风枪拆卸。这种情况一般用电烙铁采用“连锡法”拆卸：用电烙铁把焊锡熔化加到IC两边的焊脚并短路（即左边短接在一起，右边短接在一起，电烙铁温度可调到最高），焊锡尽量多些，盖住每个焊脚（见图 6–18），然后两边同时轮流加热，即加热一下左边又加热一下右边，等焊锡全部熔化时，用镊子移开IC。用电烙铁把主板上多余的焊锡除掉并清理焊盘，将IC引脚整平。

图 6–18　采用“连锡法”拆卸 SOP

②安装方法。对于SOP封装IC的安装，一般采用电烙铁对引脚逐个焊接，此时电烙铁温度不宜太高，一般取 350℃即可。如采用热风枪焊接，可先用电烙铁把IC定好位，然后调节热风枪的风力到 2.5 挡，温度到 3 挡，吹焊IC，焊接牢固即可。

（3）QFP芯片的拆焊。QFP形式的芯片比较常见，这种封装形式的集成电路引脚在外面，补焊、拆卸、焊接时相对BGA封装芯片比较容易些。

①拆卸操作。开启热风枪并调节热风枪的气流与温度，一般温度调节在 300 ～ 400℃之间，而气流方面根据喷嘴来定，如果是单喷嘴，气流挡位设置在 1 ～ 3 挡，其他喷嘴，气流可设置在 4 ～ 6 挡，使用单喷嘴，温度挡不可设置太高。

记下待拆卸IC的位置和方向，并在IC引脚上涂上适当的助焊剂。手持热风枪手柄，使喷嘴对准IC各脚焊点来回移动加热，喷嘴不可触及集成电路引脚，一般距离IC引脚上方 6 mm左右，如图 6–19 所示。待IC脚焊锡点熔化时，用镊子移开IC ，如图 6–20 所示。清除取下集成电路后余锡及焊剂杂质，如图 6–21 所示。

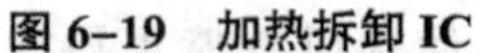

图 6–19　加热拆卸 IC

图 6–20　用镊子移开 IC

图 6–21　整理线路板上的焊盘

②焊接操作。将拆卸下来的IC用无水酒精进行清洗，用烙铁将脚位焊平整，并放在带灯放大镜下检查脚位有无偏移，有无缺锡短路，如有则重新进行处理，如是新的IC则不需处理。

将整理好的IC按原标志放回电路板上，检查所有引脚与相应的焊点对准，如有偏差可适当移动芯片或整理有关的引脚。

图 6–22　用热风枪焊接 IC

把助焊剂涂在IC各引脚上，用烙铁把IC芯片四个角位焊接定位。焊接时要控制好风速，防止把模块吹移位，如发现模块位置稍有偏差，可待四周焊锡完全熔接后，用镊子将其轻推一下即可复位。然后用镊子在IC上面轻轻向下推一下，使其与电路板接触良好，如图 6–22 所示。

清洗助焊剂，检查电路板上有无锡球，防止焊锡丝引起的短路现象，待IC冷却后方可通电试机。

（4）BGA元件的拆焊方法。

①植锡工具。

• 植锡板：市面上售的植锡板大体分为两类，一种是把所有型号都做在一块大的连体植锡板上；另一种是每种IC一块板，这两种植锡板的使用方式不一样。连体植锡板的使用方法是将锡浆印到IC上后，就把植锡板扯开，然后再用热风枪吹成球。这种方法的优点是操作简单、成球块，缺点是锡浆不能太稀，对于有些不容易上锡的IC，例如软封的FLASH或去胶后的CPU，吹球的时候锡球会乱滚，极难上锡；一次植锡后不能对锡球的大小及空缺进行二次处理；植锡时不能连锡板一起用热风枪吹，否则植锡板会变形隆起，造成无法植锡。小植锡板的使用方法是将IC固定到植锡板下面后，刮起锡浆后连板一起吹，成球冷却后再将IC取下。它的优点是热风吹时植锡板基本不变形，一次植锡后若有缺脚或锡球过大过小现象可进行二次处理。

• 锡浆：建议使用瓶装的锡浆，颗粒细腻均匀、稍干的为上乘。在应急情况下，锡浆可自制，可用熔点较低的普通焊锡丝用热风枪熔化成块，用细沙轮磨成粉末状后，然后用适量助焊剂搅拌均匀后使用。

• 刮浆工具：没什么特殊要求，只要使用时顺手即可。

• 热风枪：最好使用有数控恒温功能的热风枪。

• 清洗剂：使用天那水，对松香助焊膏等有极好的溶解性，不能使用溶解性不好的酒精。

②植锡操作。

• 准备：在IC表面加上适量的助焊膏，用烙铁将IC上的残留焊锡去除，然后用天那水洗净。

• IC的固定：将IC对准植锡板的孔后，反面用标价贴纸贴牢即可。对于操作熟练的维修人员，连贴纸都可不用，IC对准植锡板后用手或镊子按牢不动，然后另一只手刮浆上锡吹成球。用平口刀挑适量锡浆到植锡板上，用力往下刮，边刮边压，使锡浆均匀地填充于植锡板的小孔中。上锡浆时的关键在于要压紧植锡板，如果不压紧使植锡板与IC之间存在空隙的话，空隙中的锡浆将会影响锡球的生成。

• 吹焊成球：将热风枪的风嘴去掉，将风量调至最大。摇晃风嘴对着植锡板缓缓均匀加热，使锡浆慢慢熔化。当看见植锡板的个别小孔中已有锡球生成时，说明温度已经到位，这时应当抬高热风枪的风嘴，避免温度继续上升。过高的温度会使锡浆剧烈沸腾，造成植锡失败，严重的还会使IC过热损坏。

• 大小调整：如果吹焊成球后，发现有些锡球大小不均匀，甚至有个别脚没植上锡，可先用裁纸刀沿着植锡板的表面将锡球的露出部分削平，再用刮刀将锡球缺脚的小孔中上满锡浆，然后用热风枪再吹一次。如果锡球大小还不均匀，可重复上述操作直至理想状态。

③BGA的定位与安装。先将BGA有焊脚的那一面涂上适量的助焊膏，用热风枪轻轻一吹，使助焊膏均匀分布于BGA的表面，为焊接做准备。BGA定位的方法有以下几种。

• 画线定位法。拆下BGA之前用笔或针头在BGA的周围画好线，记住方向，做好记号，为重焊做准备。这种方法的优点是准确方便，缺点是用笔画的线容易被清洗掉，用针头画线如果力度掌握不好，容易伤及线路板。

• 贴纸定位法。拆下BGA之前，先沿着BGA的四边用标签纸在线路板上贴好，纸的边缘与BGA的边缘对齐，用镊子压实粘牢。这样，拆下BGA后，线路板上就留有标签纸贴好的定位框。重装BGA时，我们只要划着几张标签纸中的空位将BGA放回即可。要注意选用质量较好、黏性较强的标签纸来贴，这样在吹焊过程中不易脱落。如果觉得一层标签纸太薄找不到感觉，可用几层标签纸重叠成较厚的一张，用剪刀将边缘剪平，贴到线路板上。

• 目测法。安装BGA时，先将BGA竖起来，这时就可以同时看见BGA和线路板上的引脚，先横向比较一下焊接位置，再纵向比较一下焊接位置。记住BGA的边缘在纵横方向上与线路板上的哪条线路重合或与哪个元件平行，然后根据目测的结果按照参照物来安装BGA。

• 手感法。在拆下BGA后，在线路板上加上足量的助焊膏，用电烙铁将板上多余的焊锡去除，并可适当上锡使线路板的每个焊脚都光滑圆润。再将植好锡球的BGA放在线路板上的大致位置，用手或镊子将BGA前后左右移动并轻轻加压，这时可以感觉到两边焊脚的接触情况。因为两边的焊脚都是圆的，所以来回移动时如果对准了，BGA有一种爬到了坡顶的感觉。对准后，因为事先在BGA的脚上涂了一点助焊膏，有一定黏性，使

BGA不会移动。从BGA的四个侧面观察一下，如果在某个方向上能明显看见线路板有一排空脚，说明BGA对偏了，要重新定位。

BGA定好位后就可以焊接了。把热风枪的风嘴去掉，调节至合适的风量和温度，让风嘴的中央对准BGA的中央位置，缓慢加热。当看到BGA往下一沉且四周有助焊膏溢出时，说明锡球已和线路板上的焊点熔合在一起，这时可以轻轻晃动热风枪使加热均匀充分，由于表明张力的作用，BGA与线路板的焊点之间会自动对准定位，注意在加热过程中切勿用力按住BGA，否则会使焊锡外溢，极易造成脱脚和短路。

BGA元件的拆焊方法和步骤可参考图 6-23。

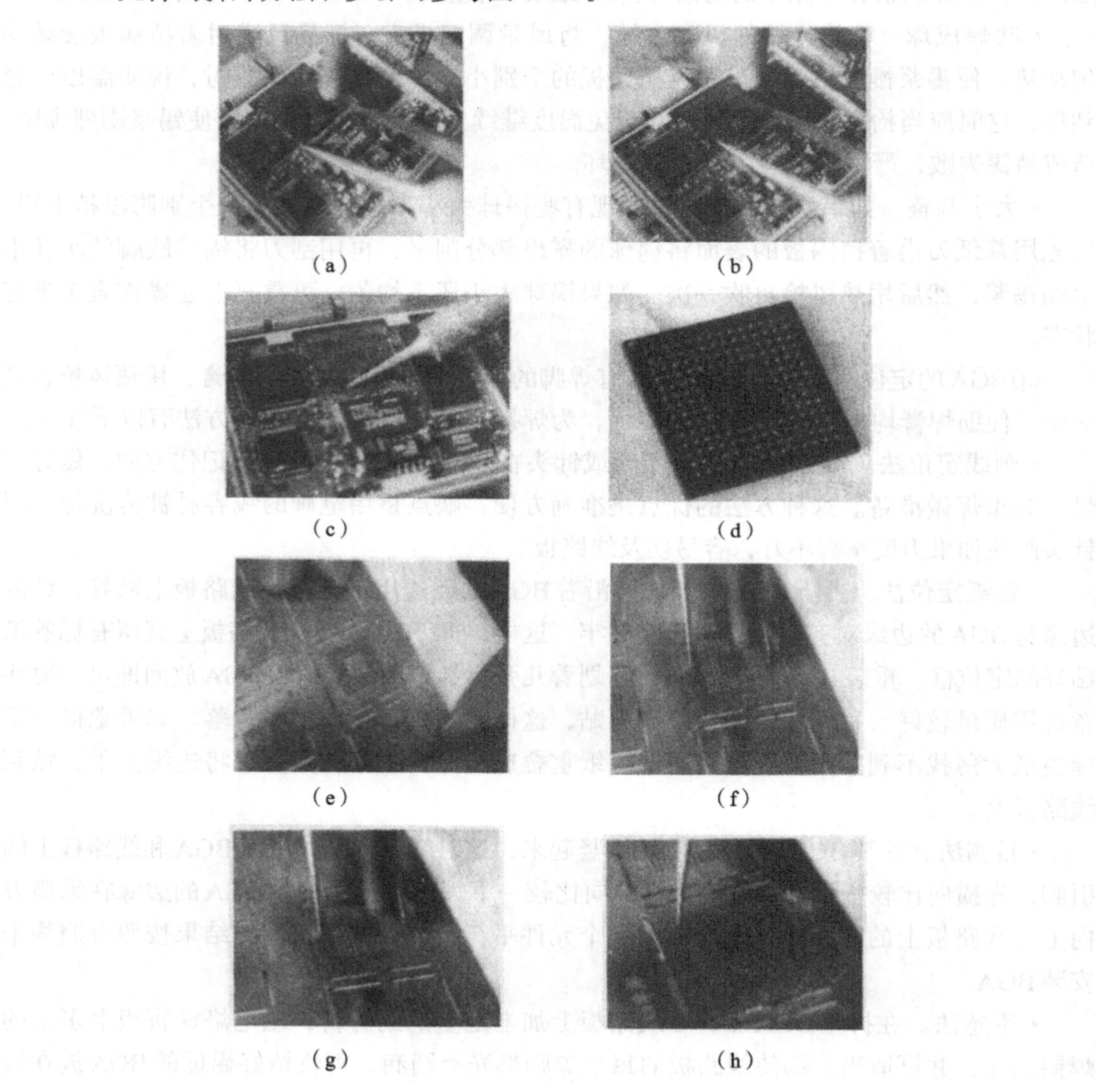

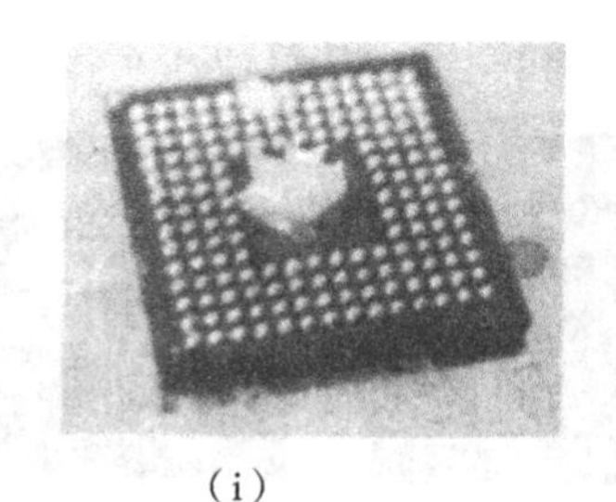

（i）

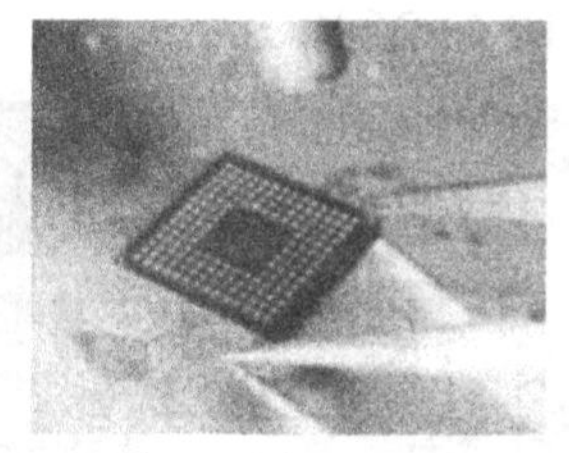

（j）

图 6-23　BGA 元件的拆焊

（a）热风枪拆卸 CPU　（b）用镊子夹取　（c）整理焊盘　（d）垫餐巾纸固定 IC
（e）在 IC 上放植锡板　（f）往植锡板小孔中填入锡浆　（g）把锡浆吹焊成球
（h）取植锡板　（i）在 IC 上放助焊膏　（j）定位 IC 的锡球

6.2.3　SMD 焊接缺陷

SMD焊接缺陷主要包括焊点开路、焊点桥接、锡裂、焊盘翘起、引脚弯曲、极性错误、焊点紊乱、拉尖、元件错误、胶水污染、焊锡过多、焊锡球、元件侧立、位置偏移过大、不润湿/半润湿、针孔/吹孔、不共面等情况。

（1）焊点开路（见图 6-24）。

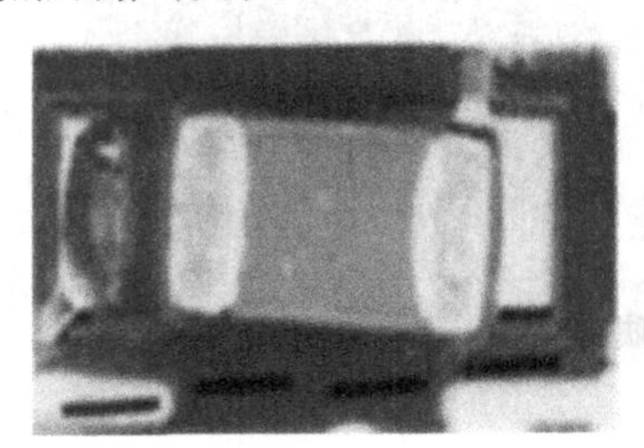

图 6-24　焊点开路

（2）焊点桥接（见图 6-25）。

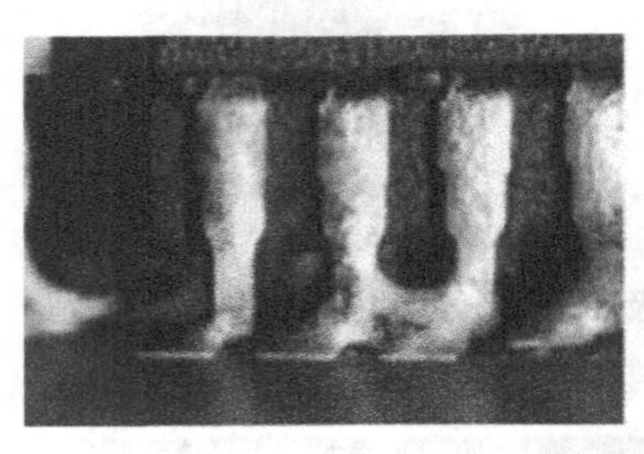

图 6-25　焊点桥接

（3）锡裂（见图 6–26）。

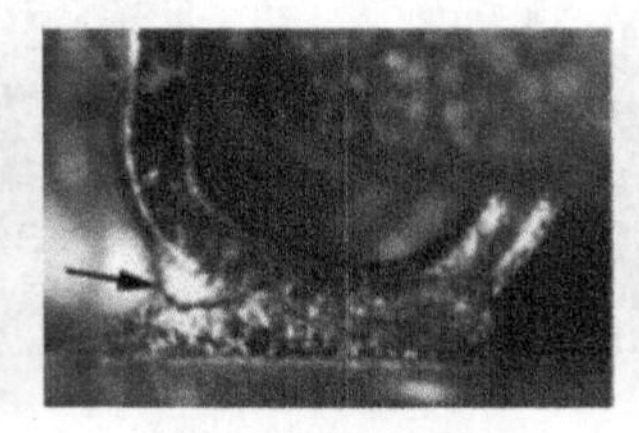
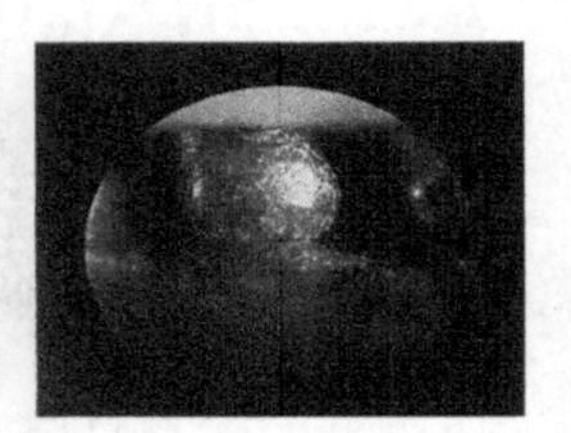

图 6–26　锡 裂

（4）焊盘翘起（见图 6–27）。

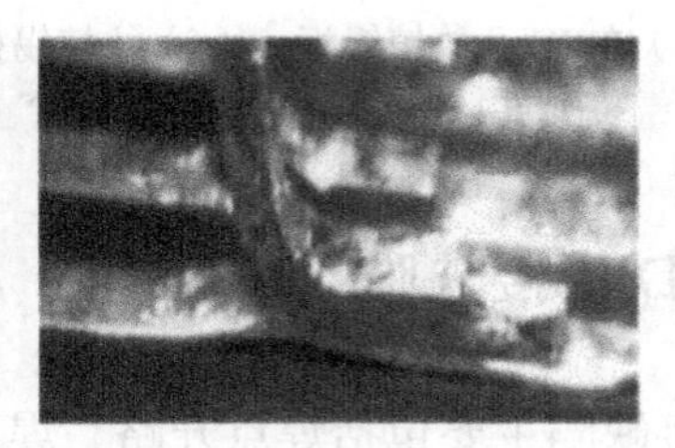

图 6–27　焊盘翘起

（5）引脚弯曲（见图 6–28）。

图 6–28　引脚弯曲

（6）极性错误（见图 6–29）。

图 6–29　极性错误

（7）焊点紊乱（见图 6–30）。

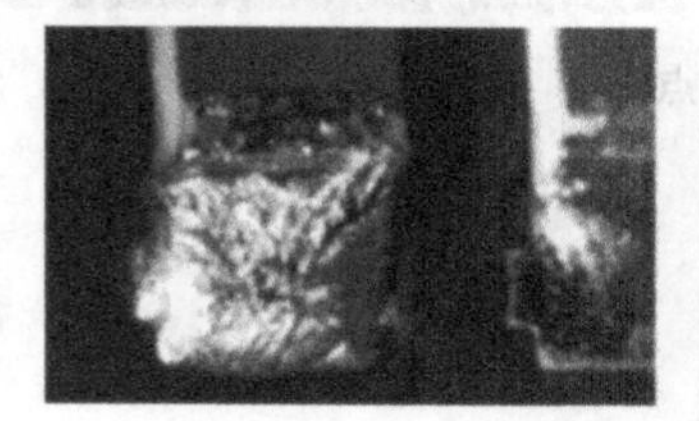

图 6–30　焊点紊乱

（8）拉尖（见图 6–31）。

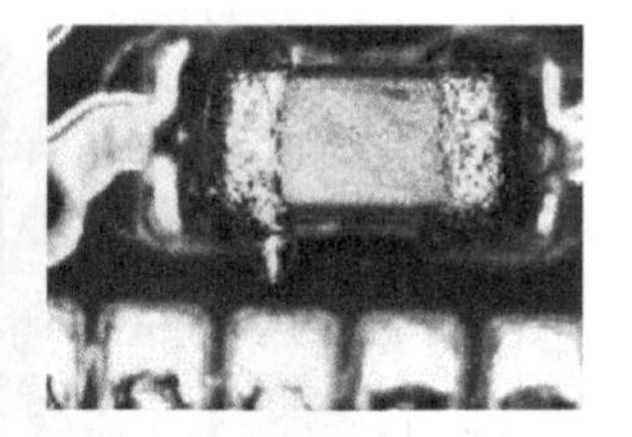

图 6–31　拉 尖

（9）元件错误（见图 6–32）。

图 6–32　元件错误

（10）胶水污染（见图 6–33）。

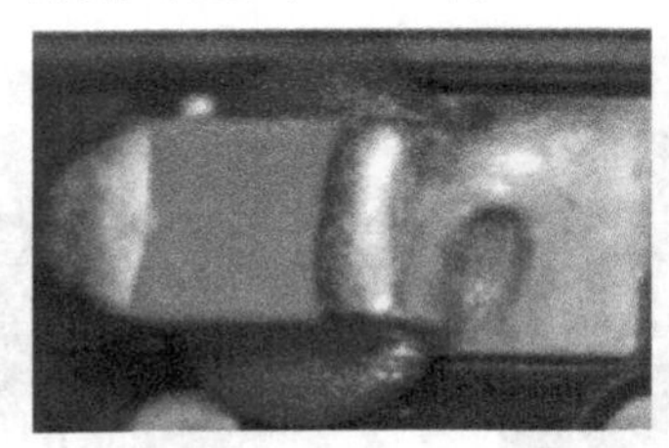

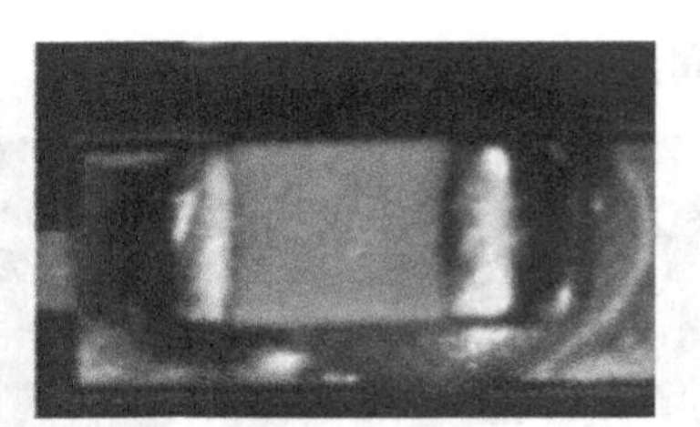

图 6–33　胶水污染

（11）焊锡过多（见图 6–34）。

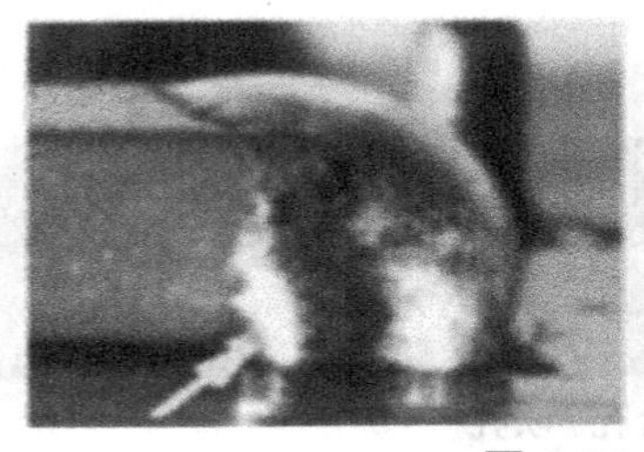

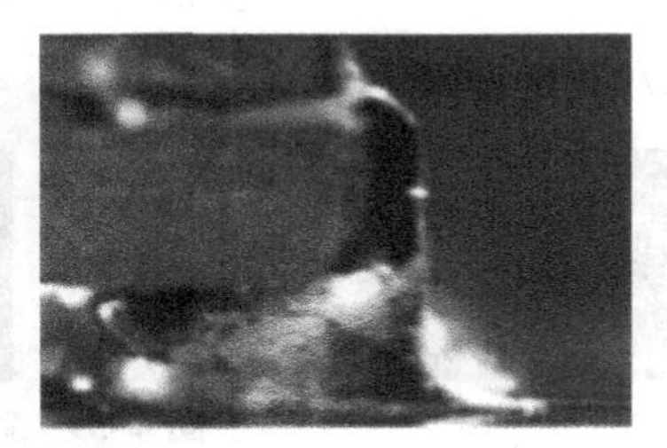

图 6–34　焊锡过多

（12）焊锡球（见图 6–35）。

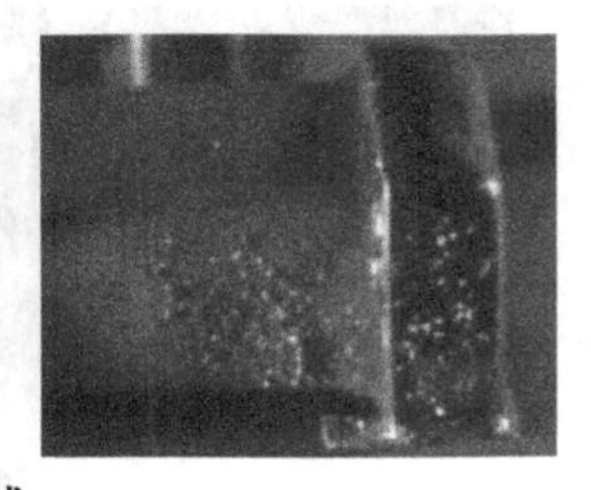

图 6–35　焊锡球

（13）元件侧立（见图 6−36）。

图 6−36　元件侧立

（14）位置偏移过大（见图 6−37）。

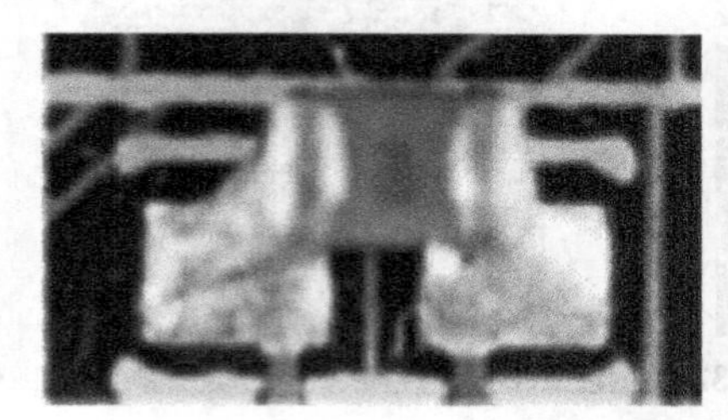
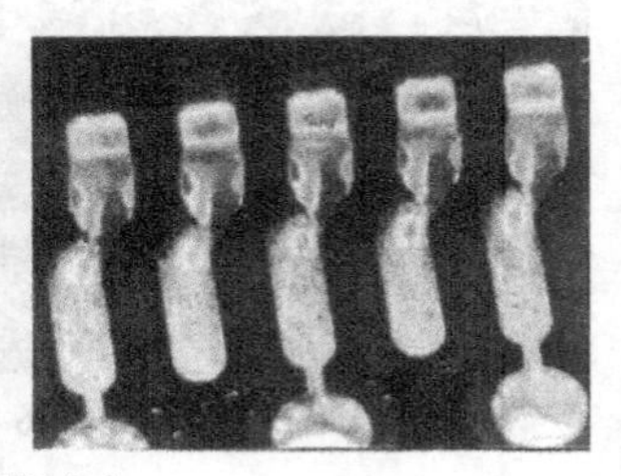

图 6−37　位置偏移过大

（15）不润湿/半润湿（见图 6−38）。

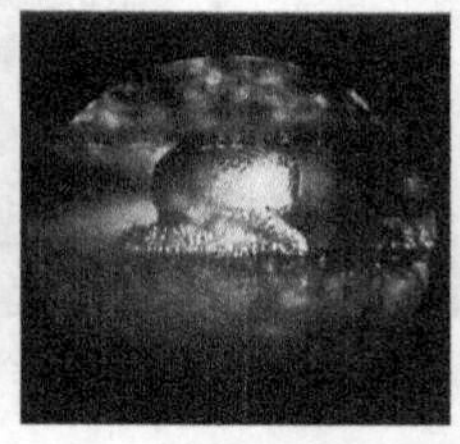

图 6−38　不润湿 / 半润湿

（16）针孔/吹孔（见图 6−39）。

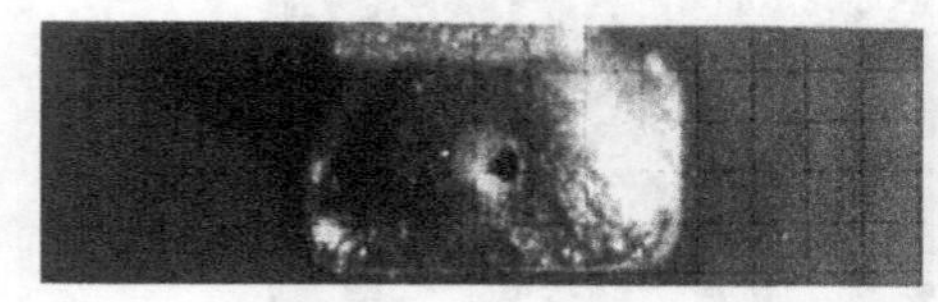
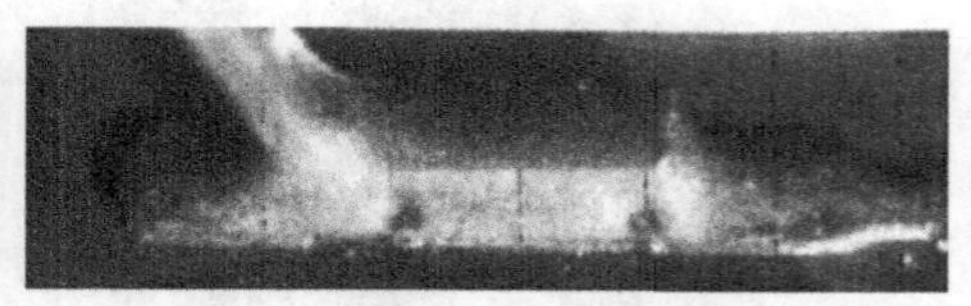

图 6−39　针孔 / 吹孔

（17）不共面（见图 6−40）。

图 6−40　不共面

实训 6　SMT组件的手工组装及返修练习

目的：熟练掌握SMC/SMD的手工焊接技术；深刻理解SMT组件的工艺标准；学会对常用SMD的拆焊方法。

设备与器材：METCAL烙铁 1 套、热风枪 1 台、焊锡丝（KISTER Sn63Pb37 线径 ϕ0.4）、SIPIVT-E型SMD实训板 1 块、工具（尖嘴钳、斜口钳、镊子）1 套、元器件 1 批、放大镜 1 台、显微镜 1 台。

内容：

1. 电阻CHIP1206 的手工焊接

将CHIP1206 元件安装在SIPIVT-E型SMD实训板的指定位置R—R_{10}。

序号 观测点	R_1	R_2	R_3	R_4	R_5	R_6	R_7	R_8	R_9	R_{10}
安装位置										
安装定位										
焊点质量										
评分										
总分										

2. 电阻CHIP0603 的手工焊接

将CHIP0603 元件安装在SIPIVT-E型SMD实训板的指定位置R_{11}—R_{29}。

序号 观测点	R_{11}	R_{12}	R_{13}	R_{14}	R_{15}	R_{16}	R_{17}	R_{18}	R_{19}	R_{20}
安装位置										
安装定位										
焊点质量										
评分										

序号 观测点	R_{21}	R_{22}	R_{23}	R_{24}	R_{25}	R_{26}	R_{27}	R_{28}	R_{29}
安装位置									
安装定位									
焊点质量									
评分									
总分									

3.MELF电阻的手工焊接

将MELF电阻安装在SIPIVT-E型SMD实训板的指定位置VD_1—VD_5。

序号 观测点	VD_1	VD_2	VD_3	VD_4	VD_5
安装位置					
安装定位					
焊点质量					
评分					
总分					

4.电容CHIP1206的手工焊接

将CHIP1206元件安装在SIPIVT-E型SMD实训板的指定位置C_1—C_{16}。

序号 观测点	C_1	C_2	C_3	C_4	C_5	C_6	C_7	C_8	C_9	C_{10}	C_{11}	C_{12}	C_{13}	C_{14}	C_{15}	C_{16}
安装位置																
安装定位																
焊点质量																
评分																
总分																

5.SMT电感的手工焊接

将SMT电感安装在SIPIVT-E型SMD实训板的指定位置L_1—L_{10}。

序号 观测点	L_1	L_2	L_3	L_4	L_5	L_6	L_7	L_8	L_9	L_{10}
安装位置										
安装定位										
焊点质量										
评分										
总分										

6. SOL的手工焊接

将SOL安装在SIPIVT-E型SMD实训板的指定位置U_1、U_1、U_5、U_6。

序号 观测点	U_1	U_2	U_5	U_6
安装位置				
安装定位				
焊点质量				
评分				
总分				

7.SOT 的手工焊接

将 SOT 安装在 SIPIVT–E 型 SMD 实训板的指定位置 VT_1—VT_8。

序号 观测点	VT_1	VT_2	VT_3	VT_4	VT_5	VT_6	VT_7	VT_8
安装位置								
安装定位								
焊点质量								
评分								
总分								

8. QFP 的手工焊接

将 QFP 安装在 SIPIVT–E 型 SMD 实训板的指定位置 U_3、U_4、U_7。

序号 观测点	U_3	U_4	U_7
安装位置			
安装定位			
焊点质量			
评分			
总分			

习　题

（1）说出 CHIP/MELF 元件正确的手工焊接方法。

（2）什么叫拉焊？J 型引脚如何拉焊？

（3）常用返修工具有哪些？

（4）返修工艺主要包括哪些过程？

（5）如何正确使用热风枪？

（6）BGA 元件返修包括哪些过程？

（7）SMD 焊接存在哪些主要缺陷？

单元7　电子组装中的静电防护与5S活动

静电防护与生产现场的5S活动对提高小型化电子整机的质量是十分重要的。本章介绍了静电基本概念、静电在电子工业中的危害、防静电解决方案、生产中防静电操作措施，并对生产线的5S管理与活动的内容做了详细的介绍，以培养良好的职业素养。

1. 理论部分

◇掌握静电基本概念；

◇理解静电在电子工业中的危害；

◇了解防静电解决方案；

◇学会生产中防静电操作措施；

◇ 5S的内涵及5S活动。

2. 实训部分

◇学会正确使用防静电服，防静电手腕带、防静电鞋等静电设施；

◇学会使用静电测试仪；

◇ 5S活动。

7.1　概　述

人们对静电现象并不陌生，当你看电视接触屏幕时会有电击麻木的感觉；当你脱下化纤外衣或毛衣时，可以听到“劈啪”的放电声，在黑暗中甚至会看见火花；你在日常生活中所感觉到、听到甚至看到的这些现象其实就是静电在放电。大自然中的雷电实质也是一种强大的静电放电现象。

现在，静电已成为人们的亲密“伴侣”，人们对这种放电现象已经习惯。尽管它有时给人们带来不适，但这一切对人体来说并没有产生什么直接的危害。但对于电子设备而言却不同了，半导体器件的高密度、高增益对静电放电越来越敏感，MOS电路的击穿电压仅为 100 V，而新的VMOS器件仅为 30 V左右。静电放电的危害性及静电防护的重要性，在现代电子制造业中越来越被人们所重视。事实上，与ESD有关的损害将继续给全球的电子制造工业带来每年数十亿美元的损失。

7.2　静电产生的原因

7.2.1　静电

我们知道物质都是由分子组成，分子是由原子组成，原子由带负电的电子和带正电的原子核组成。在正常状况下，一个原子的质子与电子的数量相同，正负电荷平衡，所以对外表现出不带电的现象。但是电子环绕于原子核周围，一经外力即脱离轨道，离开原来的原子A而进入其他的原子B，A原子因电子数减少而呈带正电现象，B原子因电子数增加而呈带负电现象。这种物体表面所带过剩或不足的相对静止不动电荷，称之为静电。

1. 静电的产生

引起静电的方式通常有以下几种：

（1）固体起电。当两种物质接触，其间距小于 2.5×10^{-8} cm时，即会发生电子的转移，界面两侧出现大小相等，符号相反的两种电荷，称为偶电层。使一个电子逸出物质所要求外界做的功称为“逸出功”，逸出功小的物质失去电子而带正电，逸出功大的物质获得电子而带负电。

（2）感应起电。导体在外部静电场作用下，在不同部位表面感应出带不同符号的电荷。

（3）剥离起电。两个接触非常紧密的物质，在外力作用下突然分开，由于剥离的原因使物体带电。

（4）摩擦起电。摩擦起电不仅是因为物体间的紧密接触，还由于摩擦生热，热使离子（电子）的活性增加，更容易向其他物体转移。

（5）粉体带电。粉体物料如面粉、奶粉、巧克力粉、硫黄粉等，它们在粉碎、搅拌、筛选、输送、气流烘干、旋风分离等作业时，这些物料之间或其与器壁之间的碰撞摩擦、进行反复接触分离而产生静电。

（6）液体静电。液体在流动、过滤、搅拌、喷雾、喷射、飞溅、冲刷、灌注、剧烈晃动等过程中也会产生十分危险的静电。

（7）气体带电。不含有固体颗粒（粉尘）或液体的气体是不会产生静电的。但所有的气体几乎没有不含固体或液体杂质的，哪怕是少量的。这些含杂质的气体在压缩、排放、喷射时，在阀门喷嘴、放气管等处极易产生静电。

（8）人体带电。人体带电主要有三种形式。一是接触分离带电，即人在活动中衣服之间、与外界物质之间的摩擦，鞋与地面接触分离。二是感应带电；三是吸附带电，当人体在具有带电微粒的空间活动时，由于带电微粒被人体所吸附，使人体带电。

（9）飞沫带电。液体被分成细小液滴时所产生的静电现象称为飞沫带电。人们都有这样的感觉，在飞溅的瀑布周围负离子的含量就多，空气新鲜。这是因为水是极性分子，水滴分裂时，水滴表面的偶电层被破坏的结果。

（10）喷出带电。从横断面积较小的开口处向外喷出气体、液体或粉体时，由于压力大、流速快，这些物质在喷口处产生的带电现象。

综上所述，静电通常是由于两种物质相互接触分离、摩擦或电磁感应而产生的，静电电压的大小与接触表面的电介质性质、状态、接触面之间的压力、摩擦速度以及周围介质的湿度和温度有关。根据物质得到或失去电荷的难易程度，对引起静电的物质作排序如下：

金属摩擦时的起电序列是：

（+）铝、锌、锡、铜、铅、锑、钳、黄铜、汞、铁、铜、银、金、铂、钯、MnO_2、PbO（–）。

非金属的带电序列是：

（+）玻璃、头发、尼龙、毛、丝绸、人造丝、奥纶、棉织品、纸、聚苯乙烯、聚酯、聚丙烯酯、硫、聚乙烯、聚氯乙烯、聚四氟乙烯（–）。

需要说明的是，在同一静电序列中，前后两种物质紧密接触时，前者失去电子带正电，后者得到电子带负电。

2. 外界因素对静电的影响

某些外界因素对静电产生的影响非常大，主要包括人为因素、湿度和材料类型。

（1）人为因素。由于人在不停地运动，人的身体很容易带上静电荷，人的皮肤、头发和身体这样的绝缘材料会储存相当大数量的静电荷，人在操作电子设备和电子组件时会将人体的静电传输（发射）到元器件或设备上。

（2）低湿度（空气干燥）。湿度对静电的积累和消散影响很大，湿度较低时，静电电位高，湿度较高时，静电电位低。这主要因为湿度较高时，绝缘材料表面吸附了水分子（有时还有导电杂质）而降低了绝缘，便于静电泄漏。不同物质受湿度影响不同，吸湿性大的容易被水分润湿，受湿度影响较大；吸湿性小的受湿度影响也小。如玻璃表面易被水润湿，受湿度影响较大；而石蜡、聚四氟乙烯等不易被水润湿的物质，受湿度的影响较小。

（3）所接触的材料类型。不同的材料产生静电的大小不一样，特别是合成材料、普通塑料和绝缘体更容易产生或存储静电。

7.2.2　静电放电

所谓静电放电（Electro static discharge，ESD）指具有不同静电电位的物体，由直接接触或静电感应引起物体间的静电电荷转移。这是在静电场的能量达到一定程度后，击穿其间介质而进行放电的现象。

通常，电荷在两种条件下是稳定的：

（1）当它“陷入”导电性的但是电气绝缘的物体上，如带有塑料柄的金属螺丝起子。

（2）当它居留在绝缘表面（如塑料），不能在上面流动时。

可是，如果带有足够高电荷的电气绝缘的导体（螺丝起子）靠近具有相反电势的物体（如集成电路）时，由于电荷“跨接”，则引起静电放电。

研究表明，当静电电压达到 3 kV 左右时，人体即有明显的电击感。静电电击不是电流持续通过人体，而是由静电放电造成瞬间冲击的电击。电击的严重程度取决于电流大小、通过时间、通电途径、电流种类，以及人体特征、人体健康状况和精神状况等。人体静电放电的能量在一定程度上取决于人体电容的大小、人体电容与人体位置、人体姿势、鞋、地面等因素。

ESD 与人体反应的关系如表 7−1 所示。

表 7−1　ESD 与人体反应关系表

静电电压 / V	人体反应
＞3 000	感觉到
＞4 000	听到
＞5 000	看到

7.3　静电在电子工业中的危害

7.3.1　静电的危害

静电放电对人体的影响似乎并不明显，但在电子元件的生产过程中，或在电子产品的安装、调试及检验过程中，如不消除静电，将会影响生产或降低产品质量。尤其是半导体器件和微电路生产行业，由于静电放电更会引起器件失效。其原因如下：

（1）人在地毯上行走、在工作台上装配调试以及操作普通材料等活动都会产生上千伏的静电。如果静电电压聚集产生火花放电，电子元件、印刷板组件和其他电子组件会受到损坏。

（2）随着科学技术的飞速发展，电子、邮电通信、航天航空等高新产业的迅速崛起，尤其需要电子仪器仪表和设备等电子产品日趋小型化、多功能化及智能化。高密度集成电路已成为电子工业不可缺少的器件。这种器件具有线间距短、线细、集成度高、运算速度快、低功率、低耐压和输入阻抗高的特点，所以这类器件对静电更加敏感。ESD的能量对传统的电子元件的影响甚微，人们不易觉察，但是对这些高密度集成电路元件，不论是MOS器件，还是双极型器件都可能因静电电场和静电放电电流引起失效，造成难以被人们发现的软击穿现象，给整机留下潜在的隐患，并直接影响着电子产品的质量、寿命、可靠性和经济性。

（3）电子零件和组件在搬运和运输过程中由于摩擦、振动或冲击，也会受到ESD损害。

7.3.2 ESD引起的损害形式

静电放电引起的元器件击穿是电子工业最普遍、最严重的静电危害。

由于环境因素或人为操作不当等造成静电放电，对电子元器件或组件的损害称为失效。它分即时失效和延时失效。即时失效是指由于静电放电直接造成元器件介质击穿、烧毁或永久性失效。延时失效是指由于静电放电造成器件的性能劣化或参数指标下降，也就是说即使产品已经通过了所有的检验和测试，仍然有可能在送到客户手中后失效。

静电导致器件失效的机理大致有下面两个原因：

（1）因静电电压而造成的损害，主要有介质击穿、表面击穿和气弧放电。

（2）因静电功率而造成的损害，主要有热二次击穿、体积击穿和金属喷镀熔融。

下面是引起失效的几种情况：

（1）对PN结造成软击穿，产品可靠性下降，如图 7-1 所示。

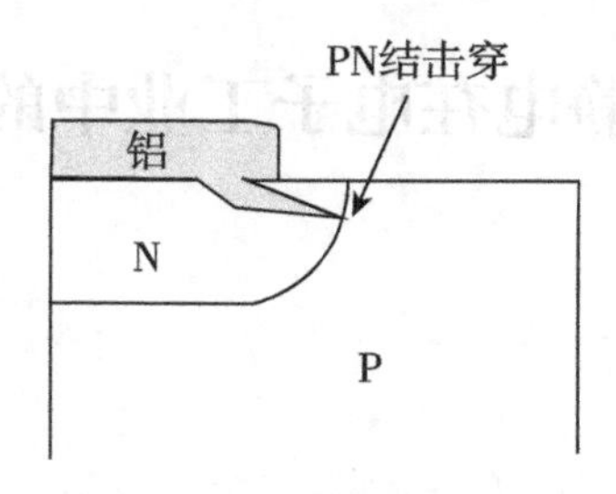

图 7-1　PN 结软击穿

（2）芯片内单晶硅金属镀膜击穿使产品废品率上升，如图 7–2 所示。

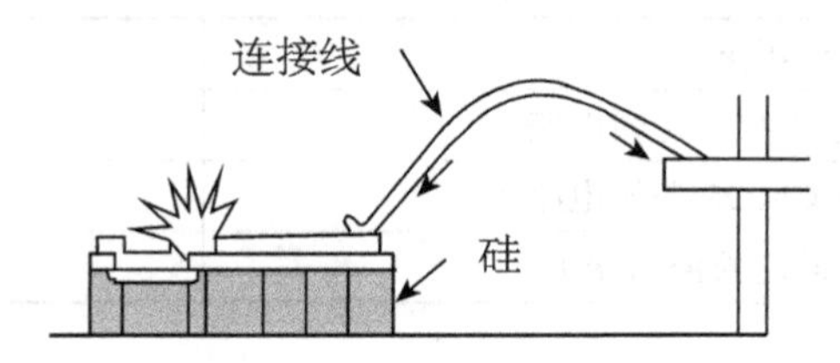

图 7–2　单晶硅金属镀膜击穿

（3）芯片内引线击穿使产品废品率上升，如图 7–3 所示。

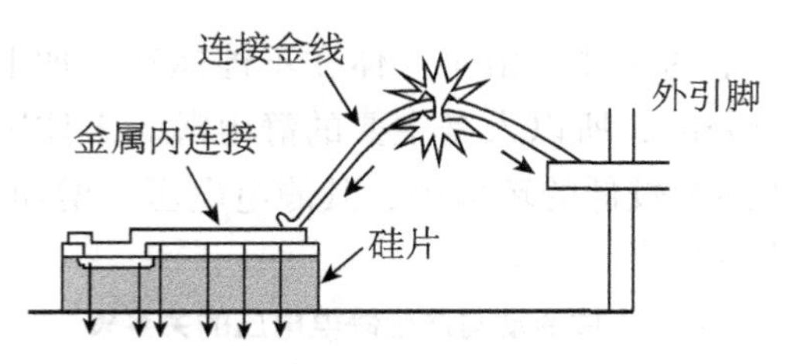

图 7–3　芯片内引线击穿

7.3.3　电子元件与 ESD 电压损害的关系

不同的器件对ESD敏感程度不同。这种差别是由于器件的设计和掺入器件内的杂质成分不同而造成的。表 7–2 是常见的元件类型与ESD电压损害的关系。

从表 7–2 可以看出，VMOS器件是对静电较敏感的器件之一，在生产中，人们又常把对静电反应敏感的电子器件称为静电敏感器件（static sensitive device，SSD）。这类电子器件主要是指超大规模集成电路，特别是金属氧化膜半导体（MOS）器件。通常将30V称为静电安全电压。

表 7–2　元件类型与 ESD 电压损害的关系表

元件类型	损害电压 /V
VMOS（V 型槽 MOS 场效应管）	30 ～ 1 800
MOSFET（金属 – 氧化物半导体场效应晶体管）	100 ～ 200
EPROM（可擦编程只读存储器）	100 ～ 1 500
JFET（结型场效应晶体管）	140 ～ 7 000
OP AMP（运算放大器）	190 ～ 2 500
CMOS（互补金属氧化物半导体）	250 ～ 3 000
Schottky diode（肖特基二极管）	300 ～ 2 500
resistor（电阻）	300 ～ 3 000
bipolar junction transistor（双极型晶体管）	400 ～ 7 000
SCR（可控硅整流器）	700 ～ 1 500
Schottky TTL（肖特基晶体管逻辑电路）	1000 ～ 2 500

（续表）

元件类型	损害电压/V
HCMOS（高速 CMOS 逻辑电路）	700 ～ 1 500
ACMOS（高阶 CMOS 逻辑电路）	350 ～ 2 000
BCL（单通道伺服控制器）	500 ～ 1 500

7.3.4 典型的静电源

人是电子产品生产工作中的主体，由于人体在不停运动，加上人与地板、衣服等其他物体之间的摩擦、接触与分离，所以人是主要的静电源。人体因各种活动而产生的静电电压约为 0.5 ～ 2 kV，在湿度较低的环境中，其静电电压会增加 10 倍以上，表 7–3 是人体活动与产生静电电压的关系。

表 7–3 人体活动与产生静电电压的关系表

单位：V

静电电压来源	湿度（10% ～ 20%）	湿度（65% ～ 90%）
地毯上行走	35 000	1 500
聚乙烯地板上行走	12 000	250
工作椅上的人员	6 000	100
聚乙烯封套（作业指导书）	7 000	600
工作台面上拿起塑料袋	20 000	1 200
有泡沫垫的工作座椅	18 000	1 500

除人体之外，工作台面、地板、座椅、包装材料及操作工具等都是静电产生的主要来源，表 7–4 所示是几种主要的静电源。

表 7–4 主要的静电源

工作台面	打蜡、粉刷或清漆表面 未处理的聚乙烯和塑料玻璃
地板	灌封混凝土、打蜡或成品木材、地瓷砖和地毯
服装和人员	非 ESD 防护服、非 ESD 防护鞋、合成材料、头发
座椅	成品木材、聚乙烯类、玻璃纤维、绝缘车轮
包装和操作材料	塑料带、包、封套、泡沫带、泡沫塑料 苯聚乙烯泡沫塑料、非 ESD 防护料盒、托盘、容器
组装工具和材料	高压射流、压缩空气 合成毛刷、热风机、吹风机 复印机、打印机

7.4　防静电解决方案

7.4.1　静电防护材料的种类

对于静电防护，原则上不使用金属导体，因导体电阻很小，漏放电流大，会造成器件的损坏。一般采用表面电阻 $1\times10^5\ \Omega$ 以下的所谓静电导体，以及表面电阻为 $1\times10^5\sim1\times10^8\ \Omega$ 的静电亚导体。例如在橡胶中混入导电炭黑后，其表面电阻可控制在 $1\times10^6\ \Omega$ 以下，即为常用的静电防护材料。静电防护材料通常有三种，即静电屏蔽材料、抗静电材料和静电消散材料。

1. 静电屏蔽材料

静电屏蔽材料可防止静电释放穿透包装进入组件引起的损害，大规模集成电路、静电敏感组件等通常采用此包装。

2. 抗静电材料

抗静电材料可作为电子器件廉价的中转包装或暂存使用。抗静电材料在使用中不产生电荷，但是，如果发生了静电释放，它能穿透包装进入组件，导致SSD元件的损害。

3. 静电消散材料

这类材料具有足够的传导性，使电荷能通过其表面消散。如防静电工作台的台面。

离开ESD防护工作区域的电子部件必须使用静电屏蔽材料或抗静电材料包装，否则电子元器件很容易受到静电放电的损害。

7.4.2　静电防护的方法

自然界中静电时时刻刻存在于我们生活中的一切事物周围。在静电防护过程中打算将静电完全消除是困难的，但是我们可以采取防护措施，将静电的产生与积聚控制在最低的限度之内。

在电子产品生产中，主要从两个方面进行静电防护，即防止静电的积聚和对已积聚的静电进行泄放。常用的静电防护方法有以下几种。

1. 接地法

接地能消除导体上的静电，接地电阻一般要求不大于 10 Ω 即可。绝缘体直接接地反而容易发生火花放电，这时宜在绝缘体与大地之间保持 $10^6 \sim 10^9$ Ω 的电阻。带电物体的接地线必须连接牢靠，避免折断处产生火花。

2. 泄漏法

采取增湿措施，就是增加空气的湿度。绝缘体表面湿度随之增加，降低了绝缘体的绝缘性，增加静电电荷通过绝缘体本身的泄放，相对湿度在 70% 以上比较适宜。如果采用抗静电强加剂消除静电，效果更为显著。也可采用电橡胶或喷涂导电塑料的办法，效果也很好。

3. 静电中和法

设法将静电荷中和掉。主要采用感应中和（消电器）、外接电源中和器和离子风中和法等。

4. 工艺控制法

改革工艺，控制静电积累，应从工艺流程、材料选用、设备安装和操作管理等方面采取措施加以控制。

5. 消除人体带的静电

应穿用导电纤维制成的防静电工作服和导电橡胶做成的防静电鞋等。

7.4.3 常用静电防护器材

1. 防静电工作台

防静电工作台能防止在操作时尖峰脉冲和静电释放对于敏感元件的损害。防静电工作台应具有对于电气过载 EOS 损害的防护功能，并能够避免在维修、制造或测试设备中产生尖峰脉冲。烙铁、吸锡器和测试器都能产生足以完全破坏敏感元件或使其降级的电能。

IPC-A-610 C 推荐的防静电工作台接地方法如图 7-4 所示。

2. 防静电服

防静电服用不同色的防静电布制成。布料纱线含一定比例的导电纱，导电纱又是由一定比例的不锈钢纤维或其他导电纤维与普通纤维混纺而成。通过导电纤维的电晕放电和泄漏作用消除服装上的静电。由于不锈钢纤维属金属类纤维，所以它织成的防静电布料的导电性能稳定，不随服装的洗涤次数而变化，如图 7-5 所示。

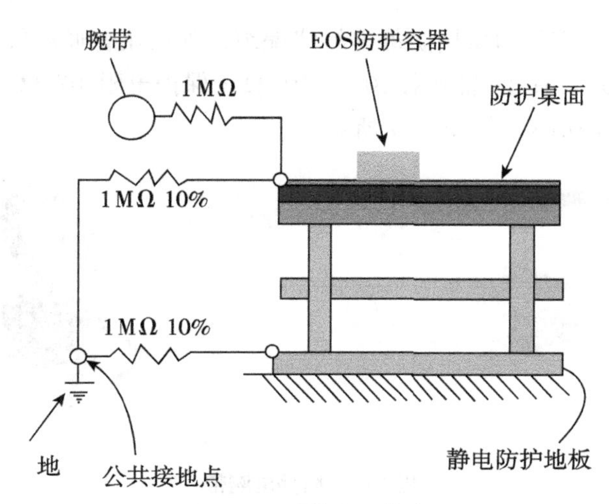

图 7-4　防静电工作台

图 7-5　防静电服

3. 防静电鞋、脚踝带

人体是最普遍存在的静电危害源。对于静电来说，人体是导体，因此，要消除人体静电最简单的办法是对人体采取接地的措施。穿防静电鞋并使用防静电地面（防静电地垫、地毯等）和防静电袜、防静电鞋垫等，能使静电从人体导向大地，从而消除人体静电。因此，要形成人体与大地导通静电的通路，鞋、地面、袜、鞋垫等必须全是防静电的，才能使消除静电的措施有效，如图 7-6 所示。

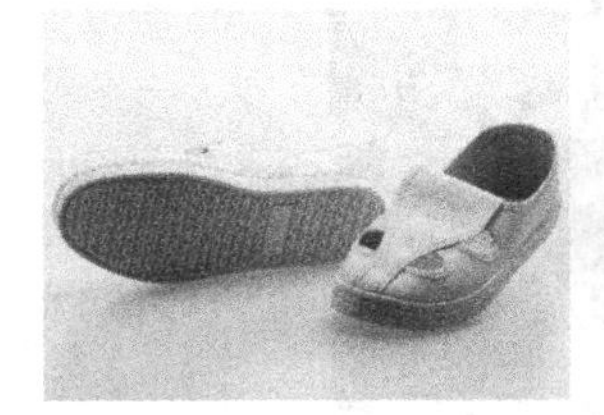

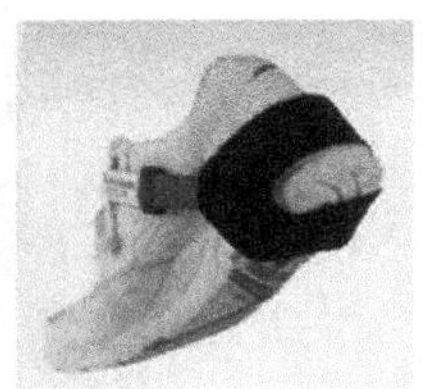

图 7-6　防静电鞋

4. 防静电腕带

腕带用以泄放人体的静电。它由防静电松紧带、活动按扣、弹簧软线、保护电阻及插头或夹头组成。松紧带的内层用防静电纱线编织，外层用普通纱线编织，主要指标是：弹簧软线最大长度 250 cm；泄漏电阻 $10^6 \sim 10^7\ \Omega$（保护电阻 $10^6\ \Omega$）；静电电位衰减到 100 V以下的时间小于 0.1 s，如图 7-7 所示。

图 7-7　防静电腕带

5. 防静电地垫

由防静电复合胶皮与接地线构成，在不防静电的车间、工厂内如果只是局部地区和程序要防静电（如几个工作台或几个程序），又不想花大量的金钱把现有的地面改造成防静电地面，此时用防静电地垫是经济简单有效的防静电措施，如图 7-8 所示。

图 7-8　防静电地垫

6. 防静电手套、指套

它用防静电布或防静电针织物制成，用于需用手操作的防静电环境，如图 7-9 所示。

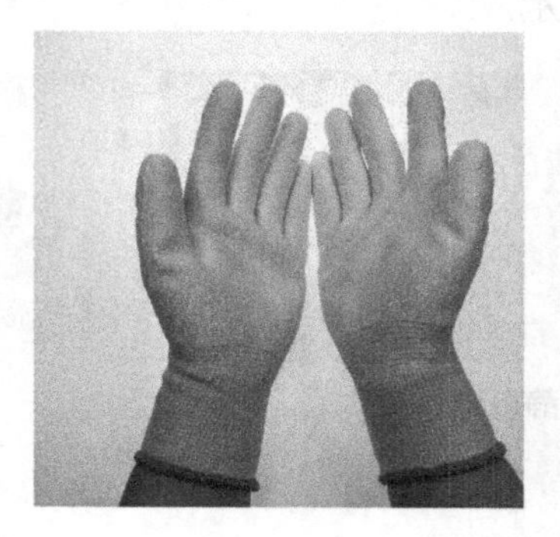
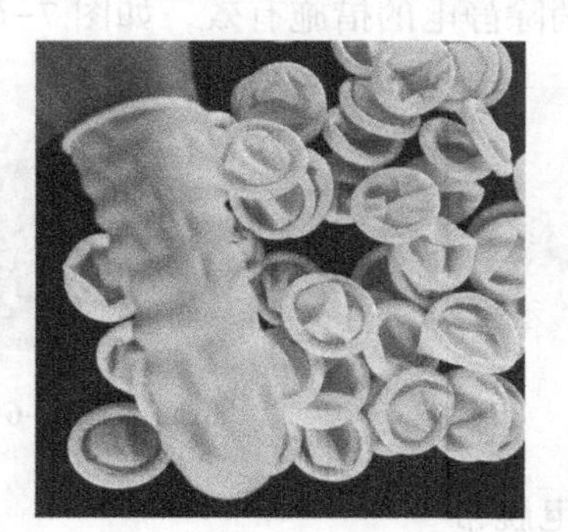

图 7-9　防静电手套

7. 防静电上下料架、周转箱

防静电插板、转运箱、元件盒均由防静电塑料制成，它们能对装入的电路或器件及印刷电路起静电保护作用，如图 7–10 所示。

图 7–10　防静电上下料架

8. 防静包装袋

静电屏蔽材料（袋）：该种材料由基材、金属镀膜层和热封层多层复合而成。具有自身不起静电和能屏蔽外界静电，防水蒸气渗透的多功能包装材料。

防静电屏蔽材料（袋）性能优于或符合 GJB2605–96 和 MIL–B–S1705 C 和电子行业标准要求等有关标准规定的各项性能指标要求，它具有防静电、防射频、防水蒸气渗透的特点，其厚度为 100 ～ 150 μm 的可热封软包装材料，如图 7–11、图 7–12 所示。

图 7–11　防静包装袋

图 7–12　防静电海绵

9. 防静电海绵

它是在塑料中加入适量的导电物质加工制成的。硬型用于插集成电路块，软型用于防静电包装。主要指标：摩擦起电电压＜ 100 V；表面电阻＜ 10^7 Ω。

10. 离子风机

离子风静电消除器是将电离的空气输送到较远的地方去，从而消除静电的一种消电器。其主要由电晕放电器、高压电源和送风系统组成。它是根据尖端放电和正负电“中和”原理设计制造的，它可消除绝缘材料及物品上的静电。按仪器释放出的离子极性分为双极性和单极性离子消电器，双极性离子消电器对正负电荷均有消电作用，离子风静电消除器的作用距离大，如图 7–13 所示。

图 7-13　离子风机

11. 接地工具

防静电接地就是通常所说的静电泄漏，就是将静电防护材料或导体上积聚的静电荷用某些导静电方式将其泄漏到大地或者一个表面积足够大的悬浮接地导体上。由于静电电量和泄漏电流都比较小，所以可以认为静电防护材料和导体与大地之间的电阻不超过 1 MΩ（亦称安全电阻）都可以认为是静电接地。对于静电接地电阻，国标GBl2158 规定：静电导体与大地的总泄漏电阻通常不应大于 1 MΩ。

电子工业防静电接地有软接地和硬接地之分。软接地是指地线串接阻值较高的电阻器（电阻值一般取 1 MΩ）后再与大地相连。软接地的目的在于将对地电流限制在人身安全电流 5 mA之下。硬接地是指将地线直接接地或通过低电阻接地。一般情况硬接地用于静电屏蔽或仪器、设备、金属体的接地，而防静电接地较少应用。

12. 焊接设备

焊接设备主要包括电烙铁、吸锡枪等。对电烙铁要求，电烙铁的热头与地之间的电阻应＜ 2 Ω，电烙铁的热头与地之间的电位差＜ 2 mV（有效值）。局部区域可采用电离器，中和静电的能力应＞ 250 V/s。设施的接地系统要符合要求。

7.5　生产中的防静电操作措施

7.5.1　静电警告标识

静电警告标识主要用于张贴、悬挂、安放于厂房、设备、组件和包装上，用于提醒人们注意操作时造成静电释放或电气过载损害的可能性。按照IPC-A-610 C，常见的静电警告标识主要有以下两种：

1. ESD敏感符号

ESD敏感符号用于表示容易受到ESD损害的电子电气设备或组件。

2. ESD防护符号

ESD防护符号用于表示被设计为对ESD敏感组件和设备提供ESD防护的器具。通过ESD敏感符号和ESD防护符号，可以识别哪些是ESD敏感器件，哪些具有ESD防护能力，在操作过程中可分别对待（见图 7-14、图 7-15）。

图 7-14　ESD 敏感符号

图 7-15　ESD 防护符号

7.5.2　生产车间防静电要求

（1）根据产品生产等级要求，生产车间应配备相应的防静电设施，地线独立并接地可靠。车间内保持恒温、恒湿。划分静电安全工作区，并贴有明显的防静电警告标识。

（2）车间外的接地系统每年检测一次，车间的地板/垫、工作台等接地系统每半年检测一次，并做相应记录。

（3）车间内的温度、湿度分别控制在（25 ± 2）℃、（65% ± 5%）RH；每天测两次，并做相应记录。

7.5.3　生产前准备工作

（1）进入生产车间前必须穿防静电工作服。

（2）直接接触元器件、电路板等操作人员应带好接地环（手腕带/脚踝带）。

（3）通过仪器测试以检查防静电腕带是否完好，手腕带/脚踝带与身体是否良好接触。

（4）检查ESD装备是否完好。

7.5.4　操作过程中注意事项

（1）拿元件前双手触摸工作台面，使手上的静电通过防静电台面传输到大地。

（2）将器件引脚向下放在消散静电的台面上。
（3）拿集成电路时，应抓住集成块的身体，而不是引脚。
（4）操作电子组件时，应拿在PCB边缘，不要直接接触元器件或板面线路。
（5）电子组件不要在任何表面上拖动或滑动。
（6）非导体应与静电安全工作区保持1 m以上的距离。
（7）只有在静电安全工作区才将元器件及电路板从防静电包装盒中拿出。
（8）将暂时不用的静电敏感元器件放在抗静电容器内或包装盒中。
（9）将搬运次数减少到最低限度。

7.5.5 其他相关部门的防静电要求

1. 设计部门

设计部门应熟悉SSD种类、型号、技术性能及其防护要求，应尽量选用带静电保护的IC，在线路设计时，应考虑静电抑制技术的应用，如静电屏蔽接地技术等。编写含有SSD的设计文件中，必须有警示符号。

涉及的主要设计文件有：使用说明书（用户手册），技术说明书，明细表，PCB图（引出端头处理），装配图和调试，检验说明（包括SSD进厂检验）。

2. 工艺部门

对设计进行工艺性审查时，工艺部门应审查设计文件的有关内容；编制防静电工程的专用工艺文件、指导性文件及有关制度；提出并检查所需要的防静电器材是否齐备；负责指导装配车间对部门防静电器材的应用及注意事项。

3. 物资部门

对外购汇总表中有关SSD的采购时，物资部门应会同设计和工艺部门共同选定生产厂家。供货时应明确SSD的包装以及运输过程中的防静电要求。

4. 检验部门

工作人员检验SSD器件的包装是否完整。SSD的测试、老化筛选应在静电安全区进行，操作人员应穿防静电工作服/鞋。

7.6　防静电相关标准

（1）电子产品防静电放电控制手册 GJB/Z105—98。
（2）集成电路防静电包装管 SJ/T10147—91。
（3）防静电工作区技术要求 GJB3007—97。
（4）电子产品制造防静电系统测试方法 SJ/T10694—1996。
（5）电子产品防静电放电控制大纲 GJB1649—93。
（6）电子设备制造防静电技术要求 SJ/T10533—94。
（7）电子元器件制造防静电技术要求 SJ/T10630—1995。
（8）可热封柔韧性防静电阻隔材料规范 GJB2605—1996。
（9）通信机房静电防护手册 YD/T754—95。
（10）电子计算机机房施工及验收规范 SJ/T30003—93。
（11）电子计算机机房设计规范 GB50174—93。
（12）电子计算机机房设计规范（条文说明）。
（13）防静电活动地板通用规范 SJ/T10796—2001。
（14）防静电贴面板通用规范 SJ/T11236—2001。
（15）防静电周转容器通用规范 SJ/T11277—2002。
（16）防静电鞋、导电鞋技术要求 GB4385—1995。
（17）防静电工作服 GB12014—89。
（18）安全帽及其实验方法 GB2811-2812—89 。
（19）纺织品静电测试方法控制 GB/T12703—91。
（20）橡胶工业静电安全规程 GB4655—84。
（21）点火工品生产防静电安全规程 WJ1912—90。
（22）防止静电事故通用导则 GB12158—90。
（23）地板覆盖层和装配地板的静电性能 SJ/T11159—98。
（24）计算站场地安全要求 GB9361—88。
（25）建筑内部装修设计防火规范 GB50222—95。
（26）航天系统地面设施接地要求 QJ1211—37。
（27）固体电工绝缘材料电阻、体积电阻系数和表面电阻系数试验方法 GB1410—89。
（28）铺地材料临界辐射通量的测定辐射热源法 GB11785—89。
（29）防静电地面施工及验收规范 SJ/T31469—2002。

（30）Human Body Model（HBM）—— for devices：

①EIA/JESD22-A114-A；

②ANSI/EOS/ESD-S5.1—1993；

③MIL-STD-883（method 3015）。

（31）IEC 1000-4-2：1995 —— for systems。

（32）Machine Model（MM）—— less common：

①EIA/JESD22-A115-A；

②ANSI/EOS/ESD-S5.1—1993。

（33）Charge Device Model（CDM）—— less common：

①JESD22-c101。

7.7 电子企业的5S活动

7.7.1 5S的含义

“5S”运动兴起于日本。其中5个“S”分别是日语“整理”“整顿”“清扫”“清洁”“素养”用罗马音表示时的首音。在不同的企业里，人们对于“5S”有不同深度或不同侧面的理解与诠释。但可以肯定的是，“5S”已经成为工业企业里一套关于现场管理的基本常识和基本技能。

“5S”的定义是简练的，它的具体含义如下：

（1）整理：将工作场所内的所有物品都区分为“必要”与“不必要”两种，并且把不必要的物品立刻清除掉。

（2）整顿：把工作场所内必要的物品按照“定点、定容、定量”的原则摆放好。

（3）清扫：把工作场所内看得见和看不见的地方都擦干净。

（4）清洁：通过持续的“整理、整顿、清扫”，维持工作场所的整齐和洁净。

（5）素养：正确地遵守事先定好的规则，养成良好的工作习惯。

当然，仅仅知道这几个定义是不够的，因为“5S”与其说是一种理论，倒不如说是一种实践活动。我们只有在实践过程中才能真正体会到它的意义。

7.7.2 为什么要做 5S

1.生产现场中常见到的不良现象

（1）工作人员穿戴不整齐。如男员工头发蓬乱、留长发或衣服敞开；女员工头巾脱落、鞋子拖沓、衣服肮脏等。其不良影响有：

①有碍观瞻，影响工作场所的气氛。

②给人懒散随便的感觉，影响工作士气。

③穿戴不整齐、不统一，由于不容易识别，而妨碍管理。

④在某些场合，如加工车间，穿戴不整齐容易发生危险。

（2）机器设备摆放不当。如生产线上的设备阻碍作业者的动作、设备的个别地方向人行通道伸出而阻碍行走、运输工具停在区域线以外等。

其不良影响有：

①生产线设备摆放不当会使作业流程不通畅，影响作业效率。

②由于机器摆放位置不当可能会增加制品搬运距离。

③设备摆放在通道上影响材料或成品的运送，也容易发生危险。

（3）机器设备保养不当。如马达等转动设备没有定时加油、空调机过滤网没有及时清扫、机器上磨损的部件没有及时更换等。

其不良影响有：

①机器不整洁使作业者会感到不舒服，影响工作士气。

②机器设备保养不好，影响它的使用寿命。

③机器设备保养不当，导致性能不稳定，直接影响产品的品质。

④机器设备保养不好，导致故障频繁，影响生产效率。

（4）物品随意摆放。如原材料不限量摆放或混放、半成品在传送带上放置凌乱、不良品在修理区摆放混乱等。

其不良影响有：

①原材料乱摆放容易发生混料，造成品质问题。

②物品乱摆放，找要用物品很困难，影响工作效率。

③物品乱七八糟时，其数量不易把握，影响管理。

④易造成物品堆积，浪费场所与资金。

（5）工具乱摆放。如不同规格的工具摆放在一个无区分的工具箱中、工具与设备零件混放在一起、工具用完后没有放回原处等。

其不良影响有：

①工具用完后没有归位，容易损坏或丢失，增加生产成本。

②工具乱摆放，寻找困难，影响工作效率，同时增加不必要的人员走动，造成工作

场所秩序混乱。

（6）走道不通畅。如材料摆放过多，占据过道，成品摆放在走道上，周转箱摆放在走廊中等。

其不良影响有：

①影响材料或其他物品的运输，降低工作效率。

②工作现场不通畅，有碍观瞻。

③容易发生危险。

（7）工作人员的座位或坐姿不当。如作业椅过高或过低、工作时跷二郎腿等。

其不良影响有：

①容易产生疲劳，降低生产效率及增加品质变异的机会。

②有碍观瞻，影响作业现场士气。

2. 各种不良现象导致的浪费

各种不良现象必将导致一种或多种浪费，大体上有：

（1）形象浪费：主要由仪容不整、坐姿不当、设备保养不当、物品随意摆放、工具乱摆放等造成。

（2）士气浪费：伴随形象浪费而产生。

（3）场所浪费：主要由机器设备摆放不当、物品随意摆放、工具乱摆放、走道不通畅等造成。

（4）资金浪费：主要由机器设备保养不当、物品随意摆放、工具乱摆放等造成。

（5）效率浪费：主要由机器设备摆放不当、物品随意摆放、工具乱摆放、走道不通畅、坐姿不当等所造成。

（6）人员浪费：伴随生产效率降低而产生。

（7）成本浪费：主要由机器设备保养不当、物品随意摆放、工具乱摆放等造成。

（8）品质浪费：主要由机器设备保养不当、物品随意摆放、工作人员坐姿不当等造成。

7.7.3 5S 活动的开展

1. 5S活动的目的

5S活动通过规范现场、现物，营造一目了然的工作环境，培养员工良好的工作习惯，其最终目的是提升人的品质。企业推行5S活动的目的在于：

（1）革除马虎之心，养成凡事认真的习惯。

（2）遵守规定的习惯。

（3）自觉维护工作环境整洁明了的良好习惯。

（4）文明礼貌的习惯。

2. 5S 活动实施

（1）整理。整理是将工作场所的任何东西区分为有必要的与不必要的，并且把必要的东西与不必要的东西明确地、严格地区分开来，把不必要的东西尽快处理。

整理的目的：①腾出空间，空间活用；②防止误用、误送；③创造清爽的工作环境。

实施要领包括：

①全面检查工作场所（范围），包括看得到和看不到的。

②制订“要”和“不要”的判别基准。

③将不要的物品清除出工作场所。

④对需要的物品调查使用频率，决定日常用量及放置位置。

⑤制订废弃物处理方法。

⑥每日自我检查。

⑦要有决心，不必要的物品应果断地加以处置。

（2）整顿。整顿是对整理之后留在现场的物品分门别类放置，排列整齐；明确数量，并进行有效标识。

整顿目的：①工作场所一目了然；②创造整整齐齐的工作环境；③减少找寻物品的时间；④消除过多的积压物品。

实施要领包括：

①前一步骤整理的工作要落实。

②流程布置，确定放置场所。

③规定放置方法、明确数量。

④划线定位。

⑤场所、物品标识。

整顿的“3 要素”：

①场所：物品的放置原则要 100% 设定；物品的保管要定点、定容、定量；生产线附近只能放真正需要的物品。

②方法：易取——不超出所规定的范围；在放置方法上多下工夫。

③标识：放置场所和物品原则上一对一表示；现物的表示和放置场所的表示；某些表示方法全公司要统一；在表示方法上多下工夫。

整顿的“3 原则”：

①定点：放在哪里合适。

②定容：用什么容器、颜色。

③定量：规定合适的数量。

（3）清扫。清扫是指将工作场所清扫干净；保持工作场所干净、亮丽的环境。

清扫目的：①消除脏污，保持职场内干干净净、明明亮亮；②稳定品质；③减少工业伤害。

实施要领包括：

①建立清扫责任区（室内、室外）。

②执行例行扫除，清理脏污。

③调查污染源，予以杜绝或隔离 。

④建立清扫基准，作为规范 。

（4）清洁。清洁是指将上面的3S实施的做法形成制度化、规范化，并贯彻执行及维持其成果。

清洁的目的是维持上面3S的成果。

实施要领包括：

①落实前面3S工作。

②制订考评方法 。

③制订奖惩制度，加强执行 。

④高阶主管经常带头巡查，以表重视。

（5）素养。素养是通过晨会等手段，提高全员文明礼貌水准。培养每位成员养成良好的习惯，并遵守规则做事。开展5S容易，但长时间的维持必须靠素养的提升。

素养的目的：①培养具有好习惯、遵守规则的员工；②提高员工文明礼貌水准；③营造团体精神。

实施要领包括：

①制订服装、仪容、识别证的标准。

②制订共同遵守的有关规则、规定。

③制订礼仪守则。

④教育训练（新进人员强化5S教育、实践）。

⑤推动各种精神提升活动（晨会、礼貌运动等）。

实训7　静电防护系统的认识及使用

目的： 认识及学会使用常见的静电防护器材及相关设备；养成5S习惯。

设备与器材： 静电测试仪、防静电服、腕带、脚环、指套、静电包装、运转材料等。

内容：

（1）用静电测试仪测试各种材料所带静电的值，并比较在常态及摩擦后电压值的变化。

（2）认识及使用各种静电防护器材，如防静电服、腕带等。

（3）认识各种静电包装、运转材料，区分静电屏蔽材料、抗静电材料及静电消散材料的异同。

（4）实训场所的5S规范。

习　题

（1）静电是如何产生的？

（2）哪些外部因素影响静电？

（3）静电对电子装配产生什么样的影响？

（4）工厂防静电有哪些措施？

（5）EOS与ESD有什么异同？

（6）静电包装材料有哪些？

（7）生产前及操作过程中防静电应注意哪些事项？

（8）常见的静电源有哪些？

（9）5S的具体内容有哪些？

（10）电子组装为什么强调5S规范？

单元8　无铅焊接技术

本单元介绍了有关环保的标准和法规、无铅化组装需要考虑的问题、无铅焊料、无铅焊接对印制板的影响和要求、无铅自动焊接工艺、无铅返修工艺等。

学习目标

1. 理论部分

◇了解有关环保的标准和法规；

◇了解无铅焊料的技术要求；

◇了解无铅焊接对印制板的要求；

◇了解无铅再流焊工艺；

◇了解无铅波峰焊工艺。

2. 实训部分

◇掌握无铅手工焊接技术。

8.1　背景及主要问题

8.1.1　无铅化背景

1. 欧盟“双指令”

针对现代工业对环境的污染，20 世纪 90 年代欧洲制定了许多有关环保的标准和法规，倡导消费绿色、环保型产品，鼓励绿色生产。美国、日本等技术发达国家也相继制定了一些法规和标准，并开始进行了绿色环保电子产品生产的相关技术研究。进入 21 世纪这些绿色生产技术趋于成熟，相关的环保标准、法规的执行也取得了一定的经验。为推动环保从立法着手，欧盟于 2003 年 2 月发布了两项指令：关于“废弃电子电气设备回收”的指令（Waste Electrical and Electronic Equipment，WEEE）和关于在电子电气产品中“限制使用某些有害物质”的指令（Restriction of Hazardous Substances，RoHS）。此两项指令简称“双指令”，在欧盟成员国生产和进口的电子设备中适用。欧盟“双指令”的发布，意味着到 2006 年 7 月 1 日，欧洲将强制进入无铅化电子时代。

欧盟“双指令”的出台，起因于电子废弃物的快速增长及铅等有害物质对环境的污染日趋严重。铅是一种多亲和性毒物，会损害人体的神经系统、造血系统、心血管和消化系统，引发多种重症疾病，对人体健康产生严重的影响。同时，铅对水、土壤和空气都能产生污染，大量废弃物以及旧家用电器造成的铅污染，已经对人类生存的地球环境造成了很大的危害。“双指令”的目标是减少电子制造业的发展对环境的负面影响，促使SMT、封装、连接器等无铅化，业界积极回收废弃物并寻求铅等有害物质的替代物。

在“双指令”中，WEEE指令于 2005 年 8 月 13 日实施，它要求电子制造商负责废弃电子电气设备的收集、处理、回收和处置。覆盖范围更广的RoHS指令于 2006 年 7 月 1 日起实施，RoHS指令明确规定了铅、汞、镉、六价铬 4 种重金属和多溴联苯（PBB）、多溴二苯醚（PBDE）等溴化阻燃剂的含量，具体来说，铅、汞、六价铬的含量应低于 0.1%；镉的限量标准为 0.01%；多溴联苯（PBB）、多溴二苯醚（PBDE）的限量标准为 0.1%。限制使用这些有害物质，有利于废旧电气电子产品的回收和处理，降低对环境的危害。

2. 其他国家相关要求

我国相关部门积极应对欧盟的两项指令，于 2004 年由电子信息产业部也发布了相应的两项法规:《废旧家电及电子产品回收处理体系》《电子信息产品污染防治管理办法》，以上两项法规对废旧电气电子产品的回收及指令实施的时间做了详细规定。

2007 年 3 月 1 日中国《电子信息产品污染防治管理办法》正式实施，明确在电子信息产品中限期禁止或限制使用六种有毒有害材料，它们是铅、汞、镉、六价铬、多溴联苯（PBB）、多溴二苯醚（PBDE）。

日本也于 2001 年颁布相关法规对电子产品中的“铅”进行回收再利用，并且已从 2003 年 1 月开始全面推行无铅化。

美国的相关法规，要求产品的使用材料中，“铅”的重量百分比超过 0.1%必须备案，对违反上述规定的企业将处以 2.5 万美元的罚款。

同时，国际上不同的实验室和生产线，已经进行了大量关于产量、抗力强度和使用寿命的无铅实验。这些测试证明：在正确的工艺操作下，无铅焊点比普通的含铅焊点更牢固，有更长期的可靠性。

8.1.2 无铅化的主要挑战

1. 无铅化组装的主要问题

根据欧盟“双指令”，在电子产品组装中对铅等六种元素的含量做了限制，与传统焊接技术相比，出现了如下几个主要问题。

（1）焊接温度升高。传统的锡铅焊料和涂层必须转换成不含铅的其他合金，目前主导的无铅合金是SnAgCu，其熔点约为217℃，远高于传统焊料Sn63/Pb37的183℃。无铅化使得再流焊温度升高到245℃至260℃。由于焊接温度的升高，导致了如下问题的出现：

①器件封装的耐热性；

②PCB的变形和变色；

③PCB出现分层；

④PCB通孔断裂；

⑤器件吸潮性被破坏；

⑥焊剂残留物清除困难；

⑦立碑（或称“元件立起”“墓碑”）现象突出；

⑧焊点不共面，容易出现虚焊或开焊。

（2）焊点的剥离。这类缺陷多出现在通孔波峰焊接工艺中，也在回流工艺中会出现。现象是焊点和焊盘之间出现断层而剥离，如图8-1所示。主要原因是无铅合金的热膨胀系数和基板之间出现很大差别，导致焊点固化时在剥离部分有太大的应力而使它们分开。同时，一些焊料合金的非共晶性也是造成这种现象的原因之一。

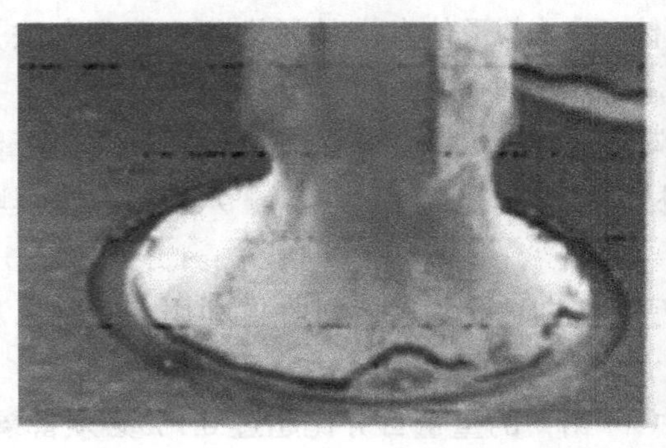

图8-1 焊点的剥离

（3）铅污染。由于铅的加入对锡的特性影响很大，当把铅除去后，在焊接过程中如果有铅的出现，将会对焊点的特性和质量造成影响。这种现象我们称之为“铅污染”。由于从有铅到无铅的切换并非瞬间的，所以在过渡期间我们很可能会同时存在有铅和无铅的材料。

铅的出现或铅污染可能对焊点造成以下的两种影响：

①熔点温度的降低。

②焊点寿命的变短。

2. 无铅化组装要求

电子制造中的各种工艺都与铅密切相关，无铅化组装对印刷电路板、元器件、焊接材料、波峰焊工艺、回流焊工艺、返修等方面都提出了新的挑战，要求无铅工艺、无铅元件贴装、无铅印刷、无铅检测、无铅再流焊、无铅返工与修理等技术必须采取相应措施，积极应对。

图 8–2 所示是无铅化组装所涉及的 7 个主要方面。在无铅化组装中，印刷电路板需要承受较高的回流温度，易发生氧化、翘曲、分层；元器件需要承受较高的回流温度，元件管脚易爆裂，芯片易失效；焊接材料如合金的成分与比例、助焊剂的可靠性、焊料的润湿性以及形成的焊点质量等面临着新的要求；锡膏的密度、回流焊后助焊剂的残留、焊膏的印刷特性与使用寿命、焊膏的抗氧化性有更高的要求；波峰焊中助焊剂的使用、锡渣的形成、焊接角度、焊接环境更为严格；回流焊接中需要较高的峰值温度，融熔焊料的润湿性，焊接环境，板上温差，冷却速率对微结构的影响都必须要考虑；同时，高温下多次回流使得焊盘及周围元件易损坏，焊盘易污染、翘曲，这对返修与返工提出了更高的要求。

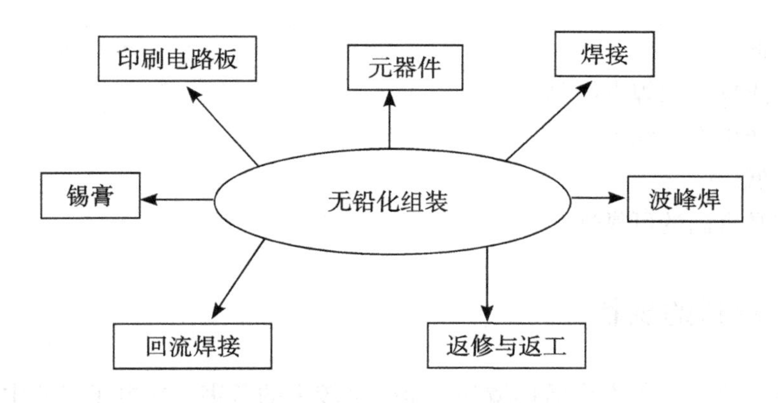

图 8–2　无铅化组装影响因素

8.2　无铅焊料

8.2.1　无铅焊料的技术要求

1. 无铅焊料的技术要求

（1）熔点低，合金共晶温度近似于Sn63/Pb37的共晶焊料，具有良好的润湿性。

（2）机械性能良好，焊点要有足够的机械强度和抗热老化性能。

（3）要与现有的焊接设备和工艺兼容，可在不更换设备、不改变现行工艺的条件下进行焊接。

（4）焊接后对各焊点检修容易。

（5）成本要低，具有可接受的市场价格，储量丰富，所选用的材料能保证充分供应。

2. 选择合金的原则

（1）熔点低。

（2）能形成良好的焊点结晶。

（3）不会产生专利纠纷。

（4）价格低。

（5）焊点具有高的可靠性。

8.2.2　无铅焊料的现状

铅及其化合物会给人类生活环境和安全带来较大的危害。在电子工业中大量使用Sn/Pb合金焊料是造成应用污染的重要来源之一。日本首先研制出无铅焊料并应用到实际生产中，并从2003年起禁止使用有铅焊料。

无铅焊料是指在焊料中不人为添加铅元素，焊料合金中铅的自然含量小于0.1%质量分数，并且不含ROHS指令中规定的其他有害元素。最有可能替代Sn/Pb焊料的无毒合金是Sn，添加Ag、Zn、Cu、Sb、Bi、In等金属元素，通过焊料合金化来改善合金性能并提高可焊性。

目前常用的无铅焊料主要是以Sn−Ag、Sn−Zn、Sn−Bi为基体，添加适量的其他金属元素组成三元合金和多元合金。如95.8 Sn−3.5 Ag−0.7 Cu的三元共晶合金及96.5 Sn−

3.0 Ag−0.5 Cu的近三元合金是目前应用于无铅再流焊接中最多的焊料，如图 8−3 所示。

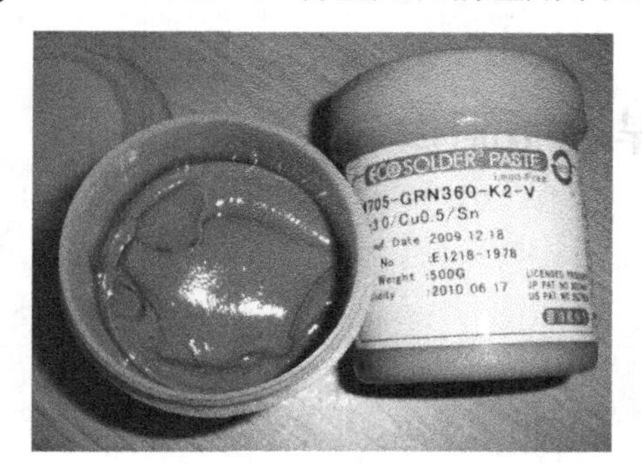

图 8−3　无铅焊料

目前，在美国使用较多的无铅焊料 95.5 Sn−3.9 Ag−0.6 Cu是应用在回流焊接（217℃），99.3 Sn−0.7 Cu应用在波峰焊接（227℃）。在欧洲使用较多的无铅焊料是欧洲联合协会（BRITE−EURAM）推荐的 95.5 Sn−3.8 Ag−0.7 Cu和其他一些合金，如 99.3 Sn−0.7 Cu；欧洲工商部（DTI）推荐高端产品（汽车、军用产品）使用SnAgCu（Sb）、中端产品（工业产品，通信产品）使用SnAgCu或SnAg、一般消费类及低端产品（电视机、多媒体设备、一般的家电等）使用SnAgCu（Sb）、SnAg、SnCu或SnAgBi。

最标准的铅基合金Sn63Pb37 或Sn62.8Pb36.8Ag0.4 的相对密度约为 8.4。无铅合金（大部分为锡）的相对密度约为 7.3，因而同样体积的焊料，无铅焊料重量减轻约 15%，如表 8−1 所示。

表 8−1　无铅焊料的比较

种 类	优 点	缺 点
Sn−Ag	具有优良的机械性能、拉伸强度、蠕变特性及耐热老化，比 Sn−Pb 共晶焊料稍差，但不存在延展性随时间加长而劣化的问题	熔点偏高，比 Sn−Pb 高 30 ～ 40℃，润湿性差，成本高
Sn−Zn	机械性能好，拉伸强度比 Sn−Pb 共晶焊料好，可拉制成丝材使用；具有良好的蠕变特性，变形速度慢，至断裂时间长	Zn 极易氧化，润湿性和稳定性差，具有腐蚀性
Sn−Bi	降低了熔点，使其与 Sn−Pb 共晶焊料接近，蠕变特性好，并增大了合金的拉伸强度	延展性变坏，变得硬而脆，加工性差，不能加工成线材使用

8.3 无铅焊接印制板

8.3.1 对印制板的要求

WEEE和RoHS两项指令，除了对电气电子产品涉及的电子装联技术以外，对相关的印制板（以下简称PCB）技术主要涉及如下几个方面。

1. PCB的涂覆层不含铅

产品的无铅化不仅要求焊料无铅，在PCB的表面涂覆层中也不应含铅。同时要求表面平整，有良好的可焊性，能与焊料形成可靠的焊点，并且能经受焊接的高温而不氧化，必要时需经受重复焊接仍能保持可焊性。

2. 基材不含PBB和PBDE等阻燃剂材料

PBB和 PBDE是含卤素类的阻燃剂，添加到绝缘材料中可以提高产品的耐燃烧性，在许多耐燃性绝缘材料和印制板的基材中都含此类含卤素的阻燃剂。当处理废弃产品中的印制板时，埋入土中会污染地下水，如果燃烧会产生有毒的二噁英（dioxins）气体污染大气，对人类有害。所以应当开发和采用绿色无毒或低毒性的基材。

目前已开发出含N、P、Bi、Sb等无卤素阻燃剂的基材，并有的已商品化，但是成本较高。无卤素是指基材中含的卤素量低于有关规定值（JPCA标准规定卤素量≤ 0.09%）。

3. 耐高温、热稳定性好的PCB基材

无铅焊接中采用的焊料，其熔点都高于锡铅焊料。目前比较成熟、使用最广的焊料，都是锡、银、铜合金系列，熔点为217℃左右，比锡铅共晶焊料的熔点183℃高出34℃。相应的PCB焊接温度也要比有铅焊料焊接温度高出30℃以上，达到250 ～ 260℃。这么高的焊接温度对PCB的基材和镀层等是严酷的考验。所以基材必须要有较好的耐热性、热稳定性和尺寸稳定性，在焊接的温度下不会起泡、分层、变形、变色或金属化孔壁断裂。

4. 印制板设计和制造应适应于装联的无铅焊接

设计时需要认真考虑印制板的热设计、选择合适的基材和镀层。印制板制造工艺和过程中的质量控制等方面（镀层质量），需要采取有力的技术措施才能满足无铅焊接的要求。

8.3.2　印制板设计的考虑

无铅焊料的熔点高，可焊性不如有铅焊料，尤其是用于表面安装的印制板，再流焊时预热和焊接的温度高、时间较长，所以在设计PCB时，必须针对这个特点考虑如下几个设计要素。

1. 选择耐热性高、热稳定性好的基材

在无铅焊接条件下印制板的耐热性和热稳定性是SMT用印制板的重要指标。印制板的耐热性和热稳定性对焊接的质量和产品的可靠性有重要影响。无铅焊接的温度高，对印制板的金属化孔及基材的温度冲击大，产生的热应力高，为了保证焊接的质量，用于无铅焊的基材耐热温度高、尺寸稳定性好、电气性能满足要求并有较好性价比的PCB基材。

2. 选择合适的表面涂镀层

SMT印制板的表面涂镀层的无铅化是保证实现无铅焊接的重要条件之一。印制板表面的涂镀层有保护印制板焊盘可焊性、保护电路的铜导线减少环境腐蚀，延长使用寿命的功能，对于无铅焊接最重要的还是印制板焊盘表面的可焊性，为了保护和提高焊盘的可焊性，在SMT印制板表面都要进行无铅的涂覆或镀覆层加工。所以，应当根据产品的使用环境、寿命和焊接条件要求及成本等因素，确定涂镀层的种类和技术要求。

3. 良好的热设计

在无铅焊接的高温下，PCB热设计考虑不周将会影响焊接的质量，严重时会加重对印制板基材、金属化孔及焊点的损坏。

8.4　无铅回流焊

SAC（Sn/Ag/Cu）焊料的熔点大约是220℃，有一些元件，如铝电解电容器，最高温度不可以持续高于230℃。为了适应这些限制，无铅回流焊的加热温度条件最好接近原来的回流焊条件，峰值温度应该维持在230～245℃之间，变化的幅度只有15℃，与锡铅装配工艺的35℃相比，下降了约60%。

如果热容量大、体积大的元件与体积较小、易受温度影响的元件一起使用，工艺窗口就会进一步缩小。大元件的热容量大，需要较高的峰值温度，持续时间也需要较长，但较小的、对温度敏感的元件则要求温度较低，持续时间较短。由于工艺窗口缩小，要求整个电路板上的温度要更加一致。尤其对于一些复杂的电路板，设定恰当的回流温度曲线比较困难。

在生产过程中，焊接温度曲线是一个重要的变量，它对优良焊点形成的影响十分显著。传送带的速度和炉区温度是焊接温度曲线的两个变量。对于不同的产品和不同的助焊剂，焊接温度曲线是不同的。为了把性能做到最好，不同的焊膏也需要用不同的温度曲线。

回流焊炉一般分为 4 个温区：预热区、保温区、再流区、冷却区。

预热区：在预热区温度是 30 ～ 175℃，通常建议使用的升温速度是每秒 2 ～ 3℃，以避免对热敏元件（如陶瓷片状电阻器）造成热冲击。一般来说，使用每秒 5℃的升温速度仍是安全的。

保温区：目的使电路板温度达到均匀。在这个温区温度上升速度缓慢，从 75℃上升到 220℃时温度曲线几乎是平的。保温区温度过高容易出现锡珠、焊料飞溅，主要是因为焊膏过分氧化而导致的。同时，保温区还起着焊剂活化的作用，清除元器件、焊盘中的氧化物。长时间保温的目的是为了减少气泡，尤其是对于球栅阵列（BGA）封装器件。

再流区：目的是使焊膏熔化，呈熔融状态。在这个温区，如果温度太高，电路板有可能会烧伤或者烧焦。如果温度太低，焊点会呈现灰暗和粒状。温区的峰值温度，应该高到足以使助焊剂充分起作用，而且湿润性良好。但它不应该高到导致元件或者电路板损坏、变色或者烧焦的程度。对于无铅焊接，这个温区的峰值温度应该是 230 ～ 245℃。温度高于焊料熔点或持续时间过长，会损坏热敏元件；也会导致金属间的过度化合，使焊点变得很脆，降低焊点的抗疲劳能力。

冷却区：焊点的冷却速度很重要。冷却速度越快，焊料结晶粒度越小，抗疲劳能力越高，一般说来，冷却速度应该越快越好。

8.5 无铅波峰焊

8.5.1 无铅波峰焊的设备要求

（1）设备材料及结构必须具有良好的耐热性，在高温下不变形。

（2）因助焊剂使用量增大，必须配备良好的抽风系统。

（3）喷雾系统必须与环保型助焊剂（低 VOC 或无 VOC）兼容。助焊剂涂布效果的好坏直接影响焊接效果。免清洗助焊剂在密封环境下工作，其比重比较容易控制，关键是控制好流量。推荐使用带流量计的助焊剂喷雾系统。

（4）预热部分要加长，较长的预热区可减少热冲击，并使助焊剂达到最佳活性，否则只能降低输送速度来补偿。

（5）锡缸及喷嘴的材料要耐腐蚀，一般需使用特殊材料的锡缸，因高Sn含量的无铅焊料对不锈钢材料具有很强的腐蚀性。

图 8–4 是使用 200 多天之后的新喷嘴，用的焊锡是锡银铜合金，喷嘴的材料是在有铅锡炉上广泛使用的SUS304 钢，可以看到 200 多天之后的新喷嘴已腐蚀严重。

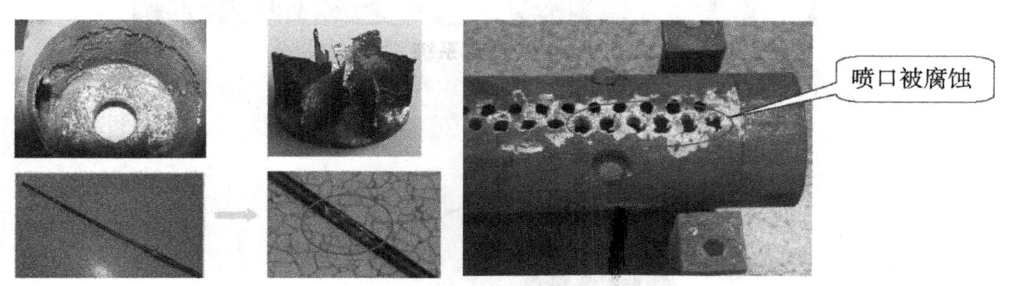

图 8–4　使用 200 多天之后的新喷嘴

锡炉问题的解决方案：使用特殊材料（钛或其合金材料）对锡炉进行表面处理，处理方法有不锈钢表面喷陶瓷、表面渗氮等。与焊锡接触的部件都需要进行处理，如图 8–5 所示。

图 8–5　对锡炉进行表面处理

（6）配备热风循环系统。无VOC的助焊剂是水基的，热风更有利于水分的蒸发，如图 8–6 所示。

图 8–6　热风循环系统

（7）冷却系统一般要求使用快速冷却。自然冷却时，因焊点内外的冷却速率及PCB和焊点冷却速率不一致，这样容易造成焊点裂锡，如图 8–7 和图 8–8 所示。

图 8-7　冷却系统

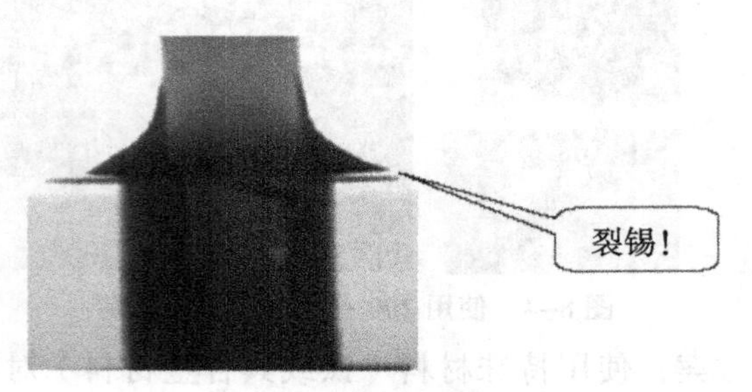

图 8-8　焊点裂锡

8.5.2　无铅波峰焊的工艺要求

无铅波峰焊的工艺参数对于焊点的形成有着重要的影响，形成一个可靠的焊点必须要有足够长的浸锡时间，无铅（3.0 Ag 0.5 Cu）需耗时 1.2 s。输送速度、预热效果、与后波峰和后流量的配合、浸锡时间、PCB板与波峰接触长度等都对浸锡时间产生影响。同时，浸锡深度、松香涂布量及均匀度等也直接影响PCB的焊接效果。PCB板底、板面的温度参数影响预热温度，助焊剂的溶剂挥发、激活助焊剂活性成分、减少板变形、减少过锡时的温度差 ΔT，ΔT 也就是通常讲的热冲击，定义为过波峰时的最高温和预热最高温的差，其大小会影响元件的可靠性，一般元件能承受的值为 120 ～ 150℃；最高预热升温速率通常不大于 3℃ /s。常见的温度曲线如图 8-9 所示。

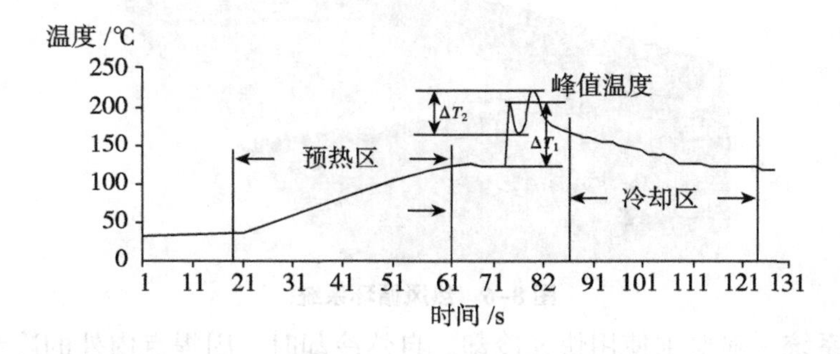

图 8-9　标准温度曲线

值得说明的是：

（1）预热区最大升温斜率为 3℃ /s；冷却区最小降温斜率为 6℃ /s。

（2）ΔT推荐 ΔT_1 小于 120℃、ΔT_2 小于 50℃。

（3）最高温一般为 255℃ + 5℃（适用于 Sn3.0 Ag 0.5 Cu）。

（4）浸锡时间需参考助焊剂供应商提供的参数，前后波峰浸锡时间之和一般不大于 5 s。

（5）预热区与锡缸之间的温降一般不大于 50℃。

8.5.3　常见的无铅波峰焊锡缺陷及对策

（1）裂锡（见图 8–10）。

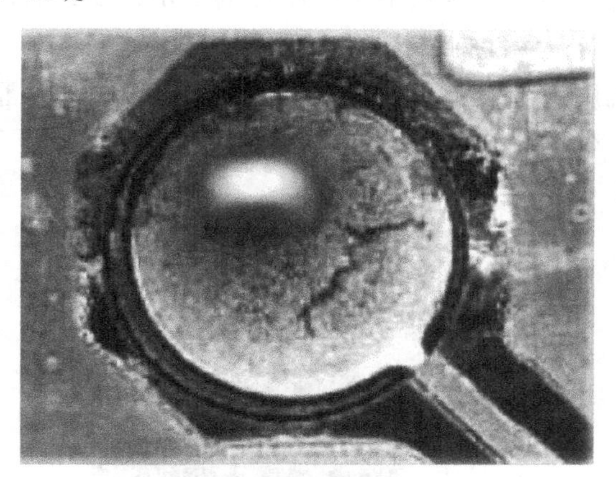

图 8–10　裂 锡

原因：冷却速率过慢。

对策：加装快速冷却装置。

（2）短路（见图 8–11）。

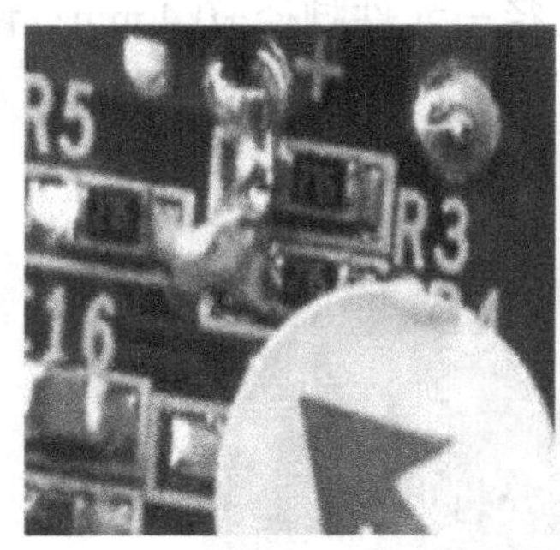

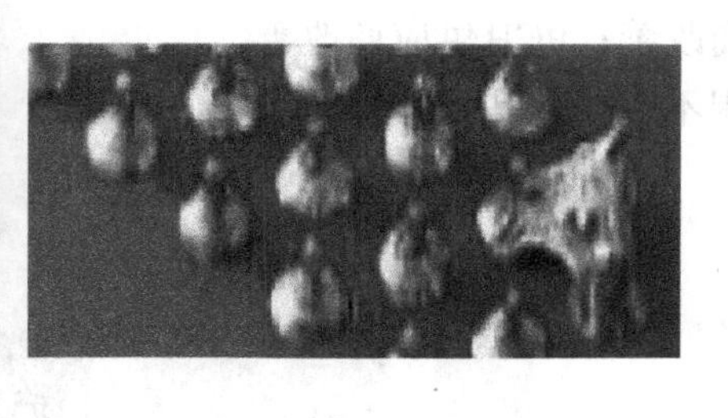

图 8–11　短 路

原因：短路处的焊锡光滑，则可认为是后波峰不平或后流不当；短路处的焊锡呈毛刺状，可能是助焊剂不足，或预热过高，或浸锡时间过长。

对策：清理后喷嘴，调整后挡板高度；调整助焊剂喷雾量，或调节预热温度和浸锡时间。

（3）锡尖（见图8–12）。

图8–12　锡 尖

原因：大体积元件在预热段吸热不足；助焊剂不足；浸锡时间过长导致焊锡分离时助焊剂不足；后流量不当；元件脚过长。

对策：调整预热温度或加装顶部预热器；调整喷雾流量；调整后喷嘴宽度或输送速度；调节后挡板高度；对元件预加工。

（4）锡孔（见图8–13）。

图8–13　锡 孔

原因：元件脚与PCB孔配合不当；元件脚下可焊性差；PCB焊盘污染或铜箔不全。

对策：手插件孔径=元件脚径+0.2 mm；AI孔径＝元件脚径+0.4 mm；调整喷雾流量或要求供应商改善；PCB供应商改善。

（5）润焊不良、通孔不上锡（见图8–14）。

图8–14　通孔不上锡

原因：板面预热不足；PCB开包装后放置过久；浸锡时间不足。

对策：放慢输送速度或提高预热温度，必要时加装顶部预热器；插件前预涂松香，注意PCB开包装后的放置时间管理；调整浸锡时间；放慢输送速度。

（6）多锡（见图 8-15）。

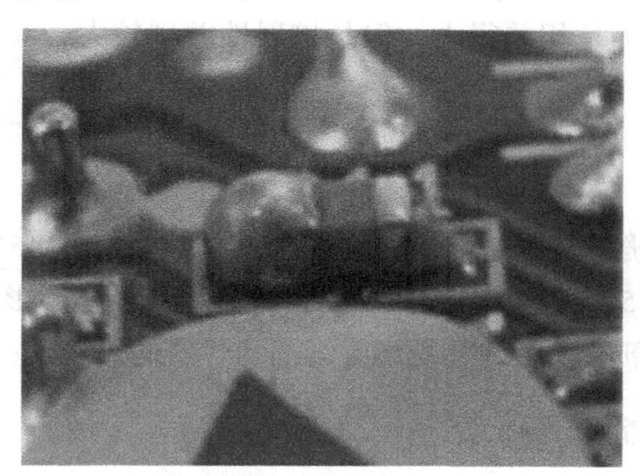

图 8-15　多 锡

原因：后波峰不平、震动；焊盘设计不当。

对策：清理喷嘴；更改焊盘设计。

8.6　无铅手工焊接技术

8.6.1　烙铁的性能要求

电子组装用的烙铁一般由烙铁头、加热器、温度控制装置三个部分组成，烙铁的加热器常用镍铬丝电阻加热、陶瓷加热器、感应加热器等。手工无铅焊接对烙铁的使用性能要求如下：

（1）烙铁头加热要快，且蓄热量要大。

（2）在手工焊接时，温度下降的程度要小。

（3）焊接时对焊料的黏附性要好，且又不会被焊料所侵蚀或侵蚀很少。

（4）由于SMT组装密度较高，烙铁的使用必须是重量轻、方便使用的。

（5）焊接时对CHIP元件的更换要感到很容易。

8.6.2　无铅手工焊接面临的问题

1. 焊接性能的降低

无铅手工焊接使用的焊料一般有三种：Sn-0.7 Cu（Sn-Cu系共晶焊料）、Sn-3.5 Ag

（Sn-Ag系共晶焊料）、Sn-3.5 Ag-0.7 Cu（Sn-Ag-Cu系共晶焊料）。无铅焊料的润湿性与Sn-Pb共晶焊料相比不是相差很大，但是扩展性差别较大，其扩展面积只有Sn-Pb共晶焊料的1/3左右。

2.熔点高

无铅焊料的熔点一般比Sn-Pb共晶焊料的熔点高出20～45℃，通常采用的手工焊接温度比焊料熔点高出50℃左右。高温焊接会加速焊料氧化，影响焊料的扩散性，破坏一些电子组件，使助焊剂失去活性，易产生焊剂和焊料的飞溅。

3.烙铁头使用寿命缩短

烙铁头一般采用导热性能好的铜或铜合金，为防止焊接中的高温氧化及被焊料的侵蚀，烙铁头部一般都镀Fe或镀Ni。在高温状态下，锡与铁会不断反应产生混合金属，所以烙铁头容易变黑，从而影响焊接的持续性，且易造成焊料不易熔化，影响焊接的润湿性。同时，由于混合金属会从烙铁头镀层表面剥落，因此烙铁头镀层会逐渐腐蚀掉，最后会在短时间内造成烙铁头损坏。

8.6.3　无铅手工焊接缺陷的解决方法

（1）烙铁头部经镀Fe或镀Ni等表面处理，焊接中对焊料的润湿性基本不变。无铅焊料的扩展性差目前还没有良好的解决方法。

（2）由于高温会加速焊料的氧化，因此，在满足无铅焊料熔化温度的前提下，尽量使用低温焊接。

（3）在氮气环境中焊接。一种是直接将氮气输入焊接操作现场，在氮气环境中进行焊接；另一种是局部喷射氮气方法，即在作业台附近设置氮气气体喷射嘴，在局部的氮气环境中焊接。这样，可以改善焊接润湿性、防止元件与基板氧化、预防焊料和焊剂的氧化。

（4）在可行的焊接作业范围内，尽可能选用热容量大的较粗的烙铁头，这样可以使焊接时烙铁头部温度稍微降低一些。

8.6.4　无铅手工焊接烙铁使用注意事项

（1）在满足无铅焊料熔化温度的前提下，尽量使用低温焊接（最好在360℃以下）。

（2）对烙铁头要定期清洁处理。

（3）当烙铁停止使用时，烙铁头要加层锡，防止其氧化，保护烙铁头。

（4）烙铁头不用时，不要长时间处于高温状态。停止焊接10分钟以上，应关闭烙铁电源。所用的烙铁应具备自动关闭功能、自动空载功能，对不具备此功能的烙铁应及时切断电源。

（5）当烙铁头黑色化时，应及时去除氧化物，可用极细的砂纸适当清洁烙铁头部，如不行，只能更换新的烙铁头。

（6）使用高质量的助焊剂有助于延长烙铁头的寿命。

（7）使用适当大小的烙铁头。烙铁头如果太小会磨损掉，而烙铁头如果太大会使磨损不均匀，而且会改变烙铁头的形状，结果变得不能使用，并有可能会损坏焊盘。

8.7　无铅返修工艺

8.7.1　无铅返修工艺面临的问题

无铅返修是全过程，全工序的返修，包括几方面的工序：旧元件、旧焊料的去除，新焊料的施加，新元件贴片和焊接。返修是把整个SMT生产线所有的工序集中到一台机器上，或者一台系统上完成。返修所面临的挑战是综合的，是比其他单个设备更大的挑战。

无铅所带来的工艺挑战主要有焊接温度的增加、工艺窗口的减少氧化、升降温的控制，其实归根到底都是温度的问题，因为无铅首先一点就是温度的提高。对于温度控制来讲，要求整个加热系统达到非常精准的控制要求。

无铅焊接的返修和修复相对于锡铅焊接确实有一定难度。无铅焊接的修复温度受焊接温度的影响相应提高，有些部件的修复温度甚至可达280℃，易造成焊盘翘起、元件和电路板损坏。由于润湿性差，烙铁头与无铅焊料的接触时间比锡铅焊料多一倍，其氧化造成的烙铁头消耗也比锡铅焊接更厉害。

8.7.2　氮气焊接组合无铅返修工作台

无铅焊料会给焊接和返修设备（见图 8-16）带来不利的影响，尤其是烙铁头的使用寿命。在过去的几年里，在烙铁头生产制造方面有许多新技术问世，使烙铁头变得更加耐用，能够经受无铅焊料腐蚀的影响。有一些制造商使用一种表面涂层来延长烙铁头的使用寿命。有一些制造商则改变烙铁头上的保护层，还有一些制造商大量增加烙铁头上铁的含量，但铁仍然会有磨损，结果是烙铁头变成不规则的或者凹凸不平的形状。

图 8-16　无铅返修台

使用氮气帮助焊接的设备可以缓解一些与无铅焊料有关的问题。氮气可以起到两方面的作用。首先，它在焊接烙铁头周围形成一个惰性气体环境，从而减少了烙铁头氧化的可能性，而烙铁头氧化会降低传热和保持焊料的能力。其次，它可以在印刷电路板上把相邻区域里的氧气排掉，减少或者防止焊接处出现氧化，对焊接过程有帮助。这不仅减少了所需要的助焊剂数量，还可以改善湿润性，得到更亮、更光滑的表面。

氮气焊接系统先让氮气通过加热器或者加热器的四周，然后进入焊接处，这样可以预热邻近的区域，减少对元件和引脚的热冲击。由于进行了预热，烙铁头可以使用较低、较安全、效果较好的温度。与氮气兼容的焊接系统的价格不会比标准的焊接系统贵很多，许多制造商还提供了可以加上去的低成本附件，以便在焊接过程中使用氮气。

图 8-17 至图 8-19 所示分别为在正常大气环境和氮气环境下使用含铅和无铅焊料的焊点情况。

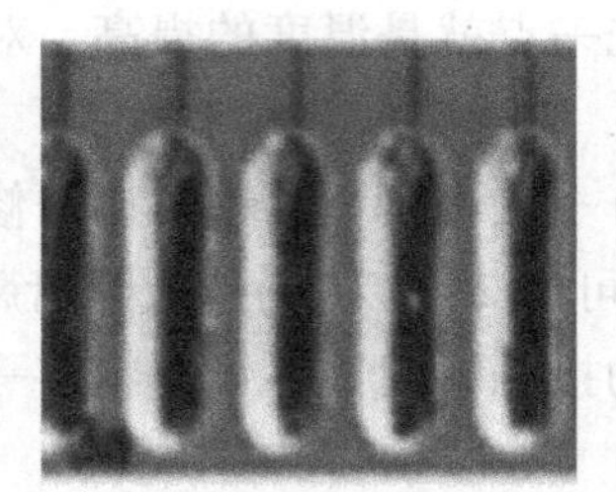

图 8-17　在正常大气境下使用含铅低熔点焊料

图 8-18　在正常大气环境下使用无铅焊料

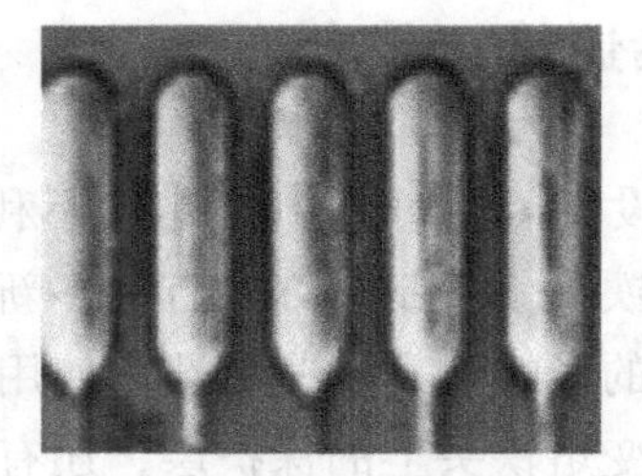

图 8-19　在氮气境中使用无铅焊料

氮气来源只有两个，第一种是瓶装氮气，瓶装的氮气是经过压缩的，通过管子输送到焊接处。它通过气压调节器和具有关闭功能的气阀来降低压力，控制氮气气流流到手工操作的工具上。但是，最好不要在封闭的环境中使用，除非采取措施进行换气，否则不利于使用者的健康。另一种方法是氮气产生器，最好用这个方法。氮气产生器通过一个干燥的、经过过滤和压缩的气源来获取氮气，这个气源通过一个特制的过滤器（见图 8–20）把空气送过去。空气中的其他原子也一定经过这个过滤器，从而得到纯净的氮气。氮气产生器是无源的采集设备，运作成本很低，并且可以在密闭的空间内使氧气和氮气保持平衡（只要是从同一个空间抽出压缩空气）。一旦氮气经过手工操作的工具进入周围的空气中，它就会和其他元素重新结合，形成过滤前的空气分子。它可以在不改变室内氧气和氮气浓度比例平衡的情况下，重新过滤。氮气产生器可以供一个焊接台到十个、二十个焊接台使用。

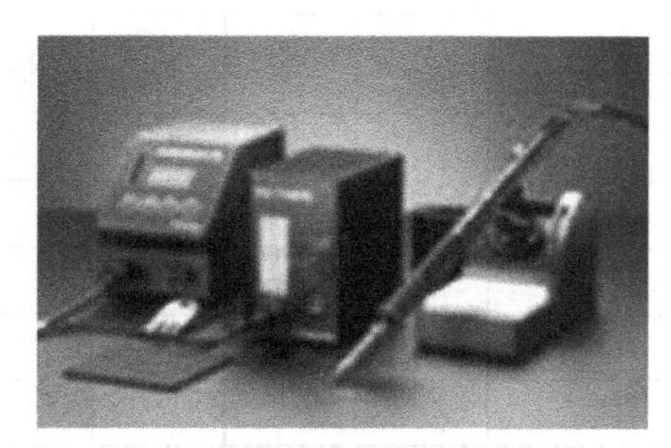

图 8–20　氮气焊接组合返修工作台

实训 8　SMT 组件的手工无铅焊接练习

目的：熟练掌握 SMC/SMD 的手工无铅焊接技术；深刻理解 SMT 组件的无铅焊接工艺标准。

设备与器材：METCAL 烙铁 1 套、热风枪 1 台、无铅焊锡丝、SMD 无铅焊接实训板 1 块、工具（尖嘴钳、斜口钳、镊子）1 套、无铅焊接元器件 1 批、放大镜 1 台。

内容：

1. 电阻 CHIP1206 的无铅手工焊接

将 CHIP1206 元件安装在 SMD 无铅焊接实训板的指定位置 R_1—R_{10}。

序号 / 观测点	R_1	R_2	R_3	R_4	R_5	R_6	R_7	R_8	R_9	R_{10}
安装位置										
安装定位										
焊点质量										
评分										
总分										

2. 电阻CHIP0603的无铅手工焊接

将CHIP0603元件安装在无铅焊接实训板的指定位置R_{11}—R_{29}。

序号 观测点	R_{11}	R_{12}	R_{13}	R_{14}	R_{15}	R_{16}	R_{17}	R_{18}	R_{19}	R_{20}
安装位置										
安装定位										
焊点质量										
评分										
总分										

序号 观测点	R_{21}	R_{22}	R_{23}	R_{24}	R_{25}	R_{26}	R_{27}	R_{28}	R_{29}	
安装位置										
安装定位										
焊点质量										
评分										
总分										

3. 电容CHIP1206的无铅手工焊接

将CHIP1206元件安装在无铅焊接SMD实训板的指定位置C_1—C_9。

序号 观测点	C_1	C_2	C_3	C_4	C_5	C_6	C_7	C_8	C_9
安装位置									
安装定位									
焊点质量									
评分									
总分									

习　题

（1）WEEE（关于“废弃电子电气设备回收”的指令）将于____________实施，它要求电子制造商负责废弃电子电气设备的收集、处理、回收和处置。

（2）RoHS（关于“在电子设备中限制使用某些有害物质”的指令）将于__________起实施，届时将禁止欧洲市场上的电子电气设备含有超过一定水平（＜0.1%）的________________等有害物质。

（3）________________中国《电子信息产品污染防治管理办法》将正式实施，明确将在电子信息产品中限期禁止或限制使用六种有毒有害材料，它们是____。

（4）目前常用的无铅焊料主要是以________________为基体，添加适量其他金属元素组成三元合金和多元合金。

（5）无铅化使得再流焊温度升高到 245 ～ 260℃，SMT 和封装材料、元器件、PCB 及工艺都必须适应温度的这一变化。主要问题是什么？

（6）无铅化组装需要考虑的问题是哪些？

（7）无铅焊料的技术要求有哪些？

（8）无铅焊接对印制板的要求有哪些？

（9）无铅再流焊有哪些分区？各起什么作用？

（10）无铅波峰焊的设备要求有哪些？

（11）请举例：常见的无铅波峰焊锡缺陷及对策。

（12）无铅返修中如何来延长焊接烙铁头的使用寿命？

参考文献

[1] 仇瑞璞.无线电整机装配工艺基础[M].天津：天津科学技术出版社，1995.

[2] 祝大同.电子组装技术的发展趋势[J].世界产品与技术，2002（9）：21-25.

[3] 屈有安，王应海.校本课程《电子组装工艺》的构建与教学实践[J].机械职业技术教育，2004（3）：23-24.

[4] 张文典.实用表面组装技术[M].北京：电子工业出版社，2002.

[5] 何丽梅.SMT-表面组装技术[M].北京：机械工业出版社，2006.

[6] 技工学校电子类专业教材编审委员会.无线电整机装配工艺基础[M].北京：中国劳动出版社，1993.